続 実験を安全に 行うために

― 失敗事例集 ―

化学同人編集部 編

化学同人

◆ **編集協力・執筆**

西脇　永敏（高知工科大学教授）

はじめに

『実験を安全に行うために（通称 赤本）』および『続 実験を安全に行うために　基本操作・基本測定編（通称 青本）』は，初版刊行以来 40 年以上の長きにわたり，実験初心者のための手引書として活用されてきた．現在でも 100 近くの大学，高専，専門学校等で，学生実験の教科書・副読本として使用されているという実績が，これらの書籍の果たす役割の大きさを示している．

しかし，手引き書があっても，実験の初心者や初級者は失敗をするものである．それは，「こうすれば成功する」という手引書はあっても，「こうすれば失敗する」という観点で書かれた手引書がほとんどないことにも起因するのではないか．そんな教育関係者や学生諸君のニーズに応えて刊行したのが，本書『続続 実験を安全に行うために　失敗事例集』である．

白川英樹先生や田中耕一先生が失敗からノーベル賞を受賞された例を出すまでもなく，失敗から大きな成果が得られた例は枚挙に暇がない．失敗をするのは必ずしも悪いことではないし，失敗しなければ成長しないのも確かである．

その一方で，基礎的な知識があれば，あるいは，少し考えれば防ぐことができる失敗もある．しなくてよい失敗ならしないに越したことはないし，何より反省や改善をすることなく失敗を繰り返してはいけない．「人の振り見て我が振り直せ」といわれるが，これまでにたくさんの先輩や先人がおかしてしまった失敗に学べばよいのである．それこそがまさに本書の目的である．

本書は，実験初心者がおかしやすい誤解や失敗の事例を紙面の許す限り多く集め，それぞれの原因や対策を理解しやすいように，簡潔に示した．本書を活用して，事故やケガにつながりかねない失敗を少しでも回避してもらいたい．なお，『青本』の目次と対応させ，互いに補完する構成となっているので，本書と『青本』を併せて手元に置いておくことをお薦めしたい．

最後に，本書は表紙が黄色なので，『赤本』『青本』と並び，『黄本』として親しんでいただければ幸いである．

2021 年 11 月

目　次

1章 実験を始める前に

1.1 実験装備（身だしなみ）
1.2 実験室と実験設備
1.3 手順確認

保護眼鏡

1.1 実験装備（身だしなみ）の基礎知識   〔空欄を埋めてみよう〕

▶ **服装**
実験着を着用する．必ずしも白衣である必要はないが，【① 　　　】の露出
が少ないものを選ぶ．白衣の前ボタンは必ず留める．

▶ **靴**
【② 　　　　　】があり，足の【③ 　　　】がカバーされている動きやすい
ものを履き，サンダルは避ける．

▶ **髪の毛**
長い髪の毛の人は，垂れてこないように，くくるか留めておく．

▶ **保護眼鏡**
必ず着用する．【④ 　　　　　　　　　　】では役に立たない。側面に
ガードがついている実験用眼鏡かゴーグルタイプが望ましい．

▶ **手袋**
肌に影響をおよぼす薬品を扱うときは手袋を着用する．

答え ①肌 ②かかと ③甲 ④コンタクトレンズ

1

失敗例1 実験室で歩いていたらガラス器具を壊した！

春香は，テレビドラマで医者役の俳優が白衣でさっそうと歩く姿を「かっこいい！」と思った．そのイメージで実験室を歩いていると，後方でガラスの割れる音がした．振り返ると，実験台からフラスコが落下し，床で砕け散っていた．あわてて駆け寄ってきた秋人に，春香は「ごめん！」と謝り，一緒に始末を始めた……

！原因 白衣の前を開けたままであった．

白衣のすそを翻しながら歩くと，実験台上の器具を引っ掛けて落としたり，機械に巻き込まれて大けがをしたりすることが実際にある．**白衣を着るのは，薬品などの危険から身の安全を守るためであり，カッコつけるためではない**．病院でも前を開けて白衣を着ている医者は少数である．

失敗例2 こぼれた薬品が足にかかった！

夏樹は，フラスコの溶液を別のフラスコに移そうとしたとき，手が滑って実験台の上に落としてしまった．中の溶液がこぼれ出してきて，とっさに逃げようとしたが，サンダルが脱げてよけきれず，足に直接かかった．夏樹は，急いで流し台に行き，赤くなった足を持ち上げて，洗い流すはめになった……

！原因 サンダルを履いて実験をしていた．

サンダル履きだと，肌が露出してしまう．薬品やガラスの破片で足を傷つけてしまうことがあるし，重たいものを落としたら大事故につながる．また，サンダルでは機敏に動くことができないため，緊急時に避難が遅れることもあるので，**実験時は，絶対にかかとのある靴を履かなければならない．**

1

失敗例3 髪の毛が油まみれに！

千秋は，加熱実験をするために，器具をクランプで固定していた．腕力がない千秋にとって，しっかり留めるのは，かなり骨の折れる作業だ．夢中で取り組んでいると，少し髪の毛が重くなるのを感じた．下を見ると，自分の髪の毛が油浴に浸かって広がっている．千秋は思わず「あっ！」とつぶやいた……

!原因 長い髪の毛をくくっていなかった．

女性でも男性でも長髪の人はいる．実験をしていると**気づかぬうちに髪が垂れてきて，いろいろなものに触れることがある．**油程度ならよいが，危険な薬品が，髪の毛から体の他の場所についてしまうこともある．また，髪の毛が引火したり，機械に巻き込まれたりすることもあるので，非常に危険である．

失敗例4 眼鏡をしていたのに薬品が目に入った！

春香が受講している学生実験には，ふざけるような学生はおらず，当然のことながら，みな白衣を着て，眼鏡をかけて実験に臨んでいた．ところが突然，春香の目に液体が飛び込んできて，痛みが走った．すぐに水洗いした後，先生に付き添ってもらって眼科医に直行して診察を受けた……

!原因 隣の実験台で吹き出した液体が飛来した．

事故には2種類ある．自分が注意すれば防げるものと，いくら自分自身は慎重に行っていても防ぐことができない不可抗力の事故である．隣の実験台で起こった事故のとばっちりを受けたのは，まさに後者である．ただ，普通の眼鏡ではなく，**側面にガードのついた実験用眼鏡をしていたら防げたかもしれない．**

1

失敗例5 手袋をしていたのに大やけど！

利春は，水浴で加熱をしようと思い，熱湯の入った
ボウルを運んでいた．素手で持つことができないの
で軍手を着用していた．しかし，床の段差を越えよ
うとしたときボウルが揺れ，お湯が手にかかった．
手袋をしていたのに大やけどとなり，それから1週
間は両手に包帯を巻いた生活を送らなければならな
かった……

!原因 軍手をはめていた．

手袋は手を保護するための必須アイテムである．軍手，革手袋，
ゴム手袋，使い捨ての手袋などがあるが，用途に応じて使い分け
る必要がある．この場合，**お湯がかかって軍手に染み込んだため，
両手を熱湯に浸けているのと同じ状態になってしまった**．お湯が
染み込まないゴム手袋ならやけどは防げた．

失敗例6 不純物の出元がどうしてもつかめない！

最近，質量分析装置で測定すると，スペクトルに
妙なピークが現れるようになった．試料を変えて
も同じところにピークが現れるので，どこかから
紛れ込んだ不純物が原因であることは間違いな
い．何度も測定を繰り返してみたが，冬美には原
因がわからず，ただ時間が過ぎていくのみであっ
た……

!原因 着用し続けた手袋が汚染源であった．

先生と一緒に調べたところ，冬美の手袋が原因であることがわ
かった．手袋を常に着用していないと落ち着かない人や，使い捨
ての手袋がもったいないと繰り返し使う人がいるが，**汚れた手袋
であちこち触ると，自らが汚染源となる**．特に高感度の測定機器
だとその汚れを検出し，研究に支障が出ることもある．

失敗例7　においで周りの人に迷惑をかけた！

春香が実験で使っている試薬は，少々臭かった．そのにおいが嫌で，扱うことができなかったが，マスクを着用すれば，その試薬を使って快適に実験できるようになった．ある日，試薬が入ったフラスコを持って歩いていると，研究室中の人からブーイングの嵐を浴びた……

しんじられない

原因　他の人はマスクをしていなかった.

試薬のなかには臭いものもあり，必要ならば，そのような試薬も扱わなければならない．がまんできないほどのにおいを発する試薬を使うときは，マスクを着用すればよい．しかし，周りの人はマスクを着用していないので，臭いと感じるのは当然である．実験室は共同で利用する場所なので，他の人に迷惑をかけないように，**臭い試薬などはドラフトチャンバー内で扱うべきだろう**.

キケン度
あるある度
トーゼン度

● チェックしよう！

□ 実験着は肌の露出の少ないものを着ているか？
□ 実験用の靴に履き替えたか？
□ 保護眼鏡を着用したか？
□ 長い髪の毛はくくったか？
□ 手袋は用途に応じて使い分けているか？
□ 使い捨ての手袋を適切な時期に捨てているか？

◆ こんな場合どうする？
対応例は p.127

Case 1　今日はデートなので，新品のブーツを履いてきた．白衣とのコーディネートも合うし，この格好で実験をするかどうか迷っている．

Case 2　コンタクトレンズを外して眼鏡を掛けるのは面倒くさい．このまま実験をしてもよいのではと思っている．

Case 3　ガラス器具を洗う度にゴム手袋を着用しているが，ひとしきり作業が終わると，いつも手がヌルヌルしている．

Case 4　分析機器を使おうとして，キーボードを見ると，薬品らしき汚れが付着しており，それ以上触ることができなかった．

1

1.2 実験室と実験設備 の基礎知識　空欄を埋めてみよう

▶実験室
実験室は公共の場である．ゴミが落ちていないよう【① 　　　】を心掛ける．ガラス片にも気をつける．床に水をこぼしたら，すぐに拭き取る．

▶実験台
実験台は常に【② 　　　】しておく．突発的なアクシデントに備えて，きれいな状態を維持しておく．実験台の【③ 　　】には物を置かないようにする．

▶ドラフトチャンバー
ドラフトチャンバー内で実験をすることも多いので，汚した場合は，すぐにきれいにする．実験が終われば，即座に片付け，余分なものを残さない．

▶共同利用の場所，機器
他の人と共同で使用する場所や機器類は，誰もが気持ち良く使える状態を維持しておく．不都合なことが生じた場合はすぐに指導教員に【④ 　　】する．

ドラフトチャンバー

答え ① 清掃　② 整理整頓　③ 周辺　④ 報告

失敗例8　廊下を歩いていると血まみれに！

春香は，空のガロン瓶を抱えて，溶媒を倉庫に汲みに行こうとしていた．廊下を歩いていると，突然転んでしまった．手がガラスで切れて，血まみれになっていた．駆けつけた先生によって，傷口にゴミや雑菌が入らないように水道で洗われた．その後，連れて行かれた病院で傷を縫ってもらった……

！原因　廊下が濡れたままで放置されていた．

廊下に水をこぼしたとき，「少しだから」と放置しておくと，春花のようなケガ人を出すことがある．ガラスで手を切ったときは，傷口を水で洗い，傷口の周りから少しずつ押さえて，チクチクした痛みがないか確認する．痛みがある場合は体内にガラス片が残っている可能性が高い．病院へ行く前に確認しておこう．

キケン度
あるある度
トーゼン度

失敗例9　掃除より実験を優先して，やり直しに！

秋人の実験台を見て，先生が「きれいにしなさい」と言った．秋人は「そんなことより実験の後処理のほうが大事」と思い，意気込んで実験を続けた．そして，最後の処理をしようというときに，手が滑ってフラスコの中身を実験台にぶちまけてしまった．秋人はしかたなく実験を最初からやり直さなければならなかった……

いうことを
きいていれば

 原因　実験台が汚かった．

フラスコを落として実験台にぶちまけた場合，脱脂綿などで吸い取って，有機溶媒に浸すことで抽出して回収できることもある．しかし，**実験台がほこりまみれで，何かの試料がこびりついているようだと，回収はできない．**実験に失敗はつきものだが，整理整頓を怠るとリカバリーの妨げになる．

トーゼン度　あるある度　キケン度

失敗例10　ドラフトチャンバーが吸わない！

夏樹は，においを発する試薬を使った実験をしていた．当然のことながら，ドラフトチャンバー内に装置を組み立てて前面のフードも閉めていた．にもかかわららず，研究室中ににおいがこもってしまった．そのときになって初めて，ドラフトチャンバーがまったく吸気していないことに気づいた……

 原因　フィルターが目詰まりしていた．

吸気しない原因としては，機械の故障や，屋上に設置したモーターのファンベルトが空回りしている可能性もある．しかし，最も多い原因はフィルターの目詰まりである．実験室はほこりっぽいので，思った以上に目詰まりしやすい．**修理業者を呼ぶ前にフィルターの掃除をすると，簡単に問題が解決することも多い．**

トーゼン度　あるある度　キケン度

1

失敗例11 ドラフトチャンバーから大量の水が！

秋人は，ドラフトチャンバーの前に立って
実験をしていた．吸気口のあたりから何か
変な音がすると思って見たところ，空気を
吸うはずの場所から水があふれ出してき
た．わけがわからず立ち尽くしている間に，
実験室の床が水浸しになってしまった……

！原因 ドラフトチャンバー内に使い捨ての手袋を残した．

スクラバ型のドラフトチャンバーは上から水を落とし，吸った空
気を洗浄してから屋外に排出する．今回は，**軽い使い捨て手袋が，
吸気口から吸い込まれ，チャンバー上の排水口を塞いでしまった
ために水があふれ出した**．洗浄力を高めるためにタンクにアルカ
リ水を入れることもあるので，大事故につながりかねない．吸気
口の近くに軽いものを置かないようにしよう．

● チェックしよう！

□ 実験室の掃除は行き届いているか？
□ 実験台は常に整理整頓されているか？
□ 共同利用する場所は清潔に保たれているか？
□ 油をこぼしたら，すぐに拭き取っているか？
□ ドラフトチャンバーの吸気口の前に物が置かれていないか？
□ ドラフトチャンバーは吸気しているか？

◆ こんな場合どうする？　　　　　　　　　　　　　　　対応例は p.127

Case 5 実験台の上にビーカーを落として割ってしまった．大きなガラスの
　　破片だけでなく，小さなかけらが実験台の上に散っていた．

Case 6 天秤を使おうとすると，周囲に白い粉がこぼれていた．しかし，自
　　分が扱っている試薬ではない．

Case 7 ドラフトチャンバー内で加熱実験をする．油浴や実験器具を取り扱
　　いやすいように，できるだけ手前に装置を組み立てたい．

Case 8 着色した気体が発生する実験をドラフトチャンバー内で行っている
　　が，前面のフードの下から漏れ出てきているようである．

失敗例 147，148，154，164 も参照

1.3 手順確認 の基礎知識　　　　　　　空欄を埋めてみよう

▶**学術英語**

論文の多くは英語で書かれている.「英語から正確な【①　　　　】をくみ取る」ことは,多くの日本人にとってハードルである.しかし,論文で使われる英文法は,大学受験のように複雑ではない.必要なのは,専門用語の【②　　　　】(ボキャブラリ)を増やすことである.

▶**内容の精査**

論文をそのまま受け入れるのではなく,「自分の仕事に活かすには」「弱点は何か」といった【③　　　　】的(俯瞰的)な視点で読むことが重要である.

▶**単位に注意**

mmol(ミリモル)と mol(モル)を間違えれば,試薬の量が 1000 倍になってしまう.dL,cm,ha,kg などの単位の前の

文字に意味があることを知らない学生も多いので注意したい.多くの実験をこなせば量的な感覚が自然に身につき,間違いに気づきやすくなる.

③ 批判 ② 用語 ① 意味　：**答**

失敗例**12**　**論文を見ながら実験してもうまくいかない!**

春香は,論文の実験項を見ながら実験していた.論文には容易に進行すると書いてあるが,何度繰り返してもうまくいかない.先生に和訳した文章を見せて相談したところ,オリジナルの英語の論文を見せるように言われた.先生はそれを見て,春香が「not」の部分を訳し忘れていることを指摘した……

⬆

!原因　**和訳してから論文の内容を理解していた.**

英語の不得意な学生が論文を読むとき,とりあえず和訳して,日本語で内容を理解しようとすることが多い.しかし,否定語を訳し忘れると,まったく逆の意味になり,春香のようにいつまで経っても正しい結果にたどり着けなくなる.**英語論文から直接情報を得るように,ふだんから訓練しておきたい.**

1 |失敗例13| **TLC のスポットが上がりすぎる！**

春香が反応の進行具合を TLC（薄層クロマト
グラフィー）でチェックしていた．論文に書い
てあるようにエーテルを展開溶媒に用いたが，
本来現れるところにはスポットが現れず，それ
よりもかなり上の位置に現れた．何回繰り返し
ても同じであったので，先生に相談すると，「溶
媒を間違えているよ」と言われた……

$CH_3CH_2OCH_2CH_3$

$CH_3CH_2CH_2CH_2CH_3$

$CH_3-CH-CH_2CH_3$
　　　　$|$
　　　CH_3 など

!原因 **わからない英単語を無視してしまった.**

論文によっては溶媒に「petroleum ether」が使われていること
がある．**春香は単語の意味が石油であることはわかったが，それ
が何を示すのかはわからなかったので無視してしまった．**石油
エーテルとは，ペンタンなどを主成分とする炭化水素系の溶媒で
あり，ジエチルエーテルとはまったく関係ない．

|失敗例14| **モル比を間違えたまま仕込み続けた！**

夏樹がいろいろと反応条件を変えても，生
成物の収率は頭打ちとなり，それ以上には
上がらなかった．万策尽きた夏樹が先生に
相談をした．試薬のモル比について尋ねら
れたので，先輩の卒業論文を見せたところ，
先生がひと言，「これ，計算が間違ってい
るよ」．夏樹「……」．

!原因 **先輩の論文を信用して疑わなかった.**

研究室に入ると，大学院生との実力の差に愕然とする．自分が四
苦八苦している実験を，軽々とこなしてしまったりする．そんな
**先輩が書いた論文なら間違っているがはずがないと思うかもし
れない．**しかし，よく考えてほしい．卒業論文を書いたときは，
先輩も自分と同じ4年生であったはずなのだ．

1

失敗例15 計算を単純化したために大量の廃棄物が！

夏樹が読んだ論文には，1 M（mol/L）の試薬の溶液を使うと書いてあった．そこで，試薬を1 mol秤り取り，それを1 Lの溶媒に溶解させた．いざ実験に取り掛かる段階になって，溶液の必要量を見ると，1 mLと書いてあった．使用しない大量の溶液が残ることに，夏樹はそこではじめて気がついた……

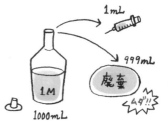

！原因 計算して必要な量だけ調製しようとしなかった．

慣れてくると，**1 Mの溶液を1 mLと言われたら，1 mmolの試薬を1 mLの溶媒に溶解させればよい**ことが感覚としてわかる．しかし，夏樹は単純に，1 molの試薬を1 Lの溶媒に溶解させれば，1 Mの溶液が調製できると考えた．必要な1 mLを使った後に999 mLの溶液が残ることに考えがおよばなかった．

トーゼン度 / あるある度 / キケン度

● チェックしよう！

論文読解

□ 英語の論文を和訳せずに直接読んでいるか？
□ 論文に書いてある実験操作や試薬は妥当なものか？
□ 先輩の卒業論文を信用しすぎていないか？

試薬量計算，秤量

□ 計算のときに単位を間違えていないか？
□ 試薬に無駄が生じないようにしているか？
□ 使用する試薬の性質を調べているか？

◆ こんな場合どうする？   対応例は p.127

Case 9 先輩の卒業論文には，文献が引用されていたが，先輩が書いている日本語を見ながら実験をしたほうが楽ではないかと思っている．

Case 10 論文に記載されている実験方法を見ると，どう考えても間違えているようにしか感じられない．

Case 11 論文には必要な試薬量が重量で書かれているが，液体の試薬なので天秤で秤量することが面倒である．

失敗例60，140，149も参照

2章 ガラス器具

2.1 ガラス器具の取り扱い の基礎知識　　空欄を埋めてみよう

▶ガラス器具

実験にはガラス器具は不可欠である．ガラス器具は【① 　　　　　】ものなので，乱暴に取り扱ってはならない．実験台に置くときはもちろん，洗浄，乾燥，保管の際も十分な注意を払わなければならない．

▶スリ合わせの器具

スリ合わせのガラス器具は，サイズがぴったり合うため，非常に便利である．広く使われるようになったとはいえ，高価である（スリ1箇所につき3000円程度）．ふだんは白く不透明な状態であるが，溶媒で濡れると透明になり，器具同士の抵抗もなくスムーズに動かすことができる．【② 　　　】(不透明な)状態で器具を挿したまま動かしてはならない．スリの部分は凹凸があるので，他の部分に比べると【③ 　　　】が付きやすい．スリ同士がくっついて外れなくなることもあるので，汚さないように注意する．

答え ① 壊れやすい ② 乾いた ③ 汚れ

失敗例16 実験台に置いた器具が落ちて割れた！

秋人は，漏斗を使って，溶液をフラスコに入れていた．入れ終わったので，漏斗を抜いて実験台に置き，フラスコに冷却管などを取り付けていると，ゴロゴロという音が．ふと下を見ると，漏斗が転がり実験台から落ちようとしていた．両手が塞がっているので，慌てて足を出したが，その30 cm先を通過して床で割れてしまった……

！原因 漏斗を置く向きを間違えた．

漏斗やナス型フラスコのように，**断面が円形で細い部位と太い部位がある器具は，置き方を間違えると転がってしまう**．太い部位を手前に向けて置くと，奥に向かって転がるが，太い部位を奥に向けて置くと手前の方に転がってくる．もちろんどちら向きに置こうが，実験台の端に置かなければ，転がり落ちることはない．

失敗例17 引出しを開けるとガラス器具が割れていた！

夏樹は，ガラス器具の保管されている引出しを開けてフラスコを取り出した．引出しを勢いよく閉めると，グシャっという不吉な音が聞こえた．不安に思ってゆっくりと引出しを開けると，そこにはフラスコが粉々になって散らばっている光景が広がっていた……

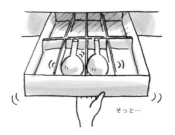

！原因 ガラスは割れるものであるという意識が低かった．

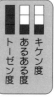

原因は説明するまでもない．引出しを勢いよく閉めたので，器具同士がぶつかって割れたのである．実験台に器具を置くときも，ポンと置くと，衝撃で割れることがある．「ガラスは割れるもの」という常識を知らない学生は案外多い．引出しには，段ボールを切ったものなどで衝突防止の仕切りを設けておくとよい．

失敗例18　ガラス器具を木槌で叩き割った！

冬美は，実験の後片づけをしていた．フラスコに挿していた冷却管がくっついて外れなかった．以前，同じような状況のガラス器具を，先輩が木槌を使って外しているのを見たことがあったので，冬美も挑戦してみた．しかし，振り下ろした木槌は器具を粉々にしたのであった．常識的に考えれば想像がつきそうなものであるが……

！原因　木槌の叩き方を間違えていた．

スリ合わせ部分に試薬などがつき，くっ付いてしまうことがある．そのような場合，①回しながらゆっくり力を加える，②木槌で軽く叩きながら回す，③超音波洗浄器などでスリの部分に溶媒を染み込ませる，④周囲を熱して膨張した際に抜く，などの方法がある．**冬美は「軽く」ではなく「強く」叩いたので器具が割れた**．

● チェックしよう！

☐ 器具を乱暴に扱っていないか？
☐ 実験台の端に器具を置いていないか？
☐ 器具がぶつかって割れないような処置をしているか？
☐ スリの部分に汚れが付いていないか？
☐ 抜けなくなったスリを放ったままにしていないか？

◆ こんな場合どうする？　　　　　　　　　　　　対応例は p.127

Case 12　ナス型フラスコを実験台に置きたい．実験台にどのような向きで置くべきか迷っている．

Case 13　ナス型フラスコを引出しに保管しているが，開閉の度に転がるので，どうにか対処したい．

Case 14　引出しの中に，長い間スリがくっついたままの器具が保管されていた．力を加えてもびくともせず，溶媒を染み込ませようとしても染み込まない．

　　　　　　　　　失敗例 1，26，71，134 も参照

2.2 ガラス器具の洗浄 の基礎知識 〔空欄を埋めてみよう〕

▶**洗浄**

洗剤を溶かした液浴に一定時間浸した後，水洗いするのが一般的だが，実験の用途や精度に応じて洗浄方法は異なる．浸けると液浴が汚れそうな器具は，あらかじめアセトン等で予備洗浄するとよい．洗剤だけでは汚れが落ちそうにないときは，硝酸などの洗浄浴に浸ける．ただし，ガラスは【①　　　】に溶けるので，何日も放置すると，透明なガラスが白濁する．スリ合わせの器具は，【②　　　】を外して浸ける．精密に秤量する器具は【③　　　】が変わるので浸けてはならない．

▶**乾燥**

水洗いした器具を電気乾燥器に入れて乾燥する．水が切れやすいように，器具を逆さ向きに置く．倒れやすい器具も多いので，かごに並べて乾燥器に入れると便利である．分液漏斗のようにどうせ水で濡らす器具は，乾燥器に入れずに【④　　　】（風乾）でも構わない．器具が足りないなどの理由で乾燥を急ぐ場合は，水と混和する【⑤　　　】などの揮発性有機溶媒で水を置換すると早く乾燥する．

答え ①アルカリ ②コック ③体積 ④自然乾燥 ⑤アセトン

失敗例19 洗浄浴に浸けたのに器具が汚れていた！

夏樹が器具を洗っていると，先輩から「洗ったはずのフラスコが汚い」というクレームを受けた．ていねいに洗っているつもりの夏樹としては納得がいかない．「さっきも洗浄浴にちゃんと浸けましたし」と言いながら蓋を開けると，そこにはプカプカと浮いているフラスコが漂っていた……

！原因 器具を洗浄浴に沈めていなかった．

洗浄浴に器具を浸けるときは，器具内に洗剤溶液を満たさなければならない．今回は，器具内に空気が残ってしまってプカプカ浮いたのである．洗剤に触れなければ，落ちるはずの汚れも落ちない．器具の洗浄も，実験の一部である．きちんと洗うことができない人は，精度の高いデータも出せない．

失敗例20 洗浄浴の洗剤が目に入りそうになった！

春香は，実験で使用したガラス器具を，洗
浄浴に順番に浸けており，その作業も終わ
りに近づいていた．そして，漏斗を浸ける
と，洗剤がピュッと顔にかかった．すぐに
顔を洗ったので,大事には至らなかったが,
「眼鏡をしていてよかった」とつくづく思っ
た……

⚠原因 漏斗を口の広い方を下にして浸けた．

漏斗の形は，上が末広がりになっていて，下は細いガラス管であ
る．春香は口の広い方を下に向けて浸けた．**広い口から漏斗に
入ってきた液体は，口がどんどん狭くなるにつれて勢いを増し，**
細いガラス管の口の先端からビュッと飛び出したのである．たか
が器具の洗浄と侮るなかれ．危険はどこにでも潜んでいる．

失敗例21 分液漏斗がダダ漏れになってしまった！

春香が使い終わった分液漏斗を見ると，中がか
なり汚れていた．金曜日に洗浄浴に浸け，週末
を挟んだ月曜日に取り出して水洗した．しかし，
コックが動かず，溶媒を分液漏斗に入れてもダ
ダ漏れして役に立たない．結局，スリを抜くこ
とができず，分液漏斗は一生を終えてガラスの
塊になってしまった……

⚠原因 スリを抜かずにアルカリ浴に浸けた．

スリ合わせ器具は，形状とサイズがピタッと合うので，液体を入
れても漏れない．だから，分液漏斗のコック（活栓）にも使われ
る．しかし，**アルカリの液に長時間浸けていると，ガラスの表面
が溶けてくっついてしまうことがある**．春香の場合，週末を挟ん
で浸けたのでそうなった可能性が高い．

失敗例22 フラスコがガビガビになった!

秋人は,加熱していた反応を止めて後処理をした
ものの,アルバイトに行くために急いでいて,反
応に用いたフラスコを片づけるのを忘れていた.
数日経った後,ドラフトにフラスコを置きっぱな
しにしていることを思い出したときには,すでに
ガビガビになっていた……

!原因 油をふき取っていなかった.

油は酸化されると固まる性質がある.秋人はフラスコを油浴から
引き上げたまま,数日間放置していたのでフラスコの表面がガビ
ガビになったのである.こうなってしまうと,取るのに結構面倒
な作業が必要になる.**油浴から上げたら,油を紙などでふき取っ
た後,ヘキサンなどの炭化水素系溶媒でふき,最後はアセトンな
どでふいておかなければならない.**

失敗例23 乾燥した器具をもう一度乾燥する羽目に!

冬美は焦っていた.実験をしようにも器具が足
らない.しかし,必要な器具は先ほど洗って乾
燥器に入れたばかりである.ふと先輩を見ると,
洗瓶で器具に何かをかけ,乾燥器に入れてすぐ
に使っている.冬美も,水の入った洗瓶で水を
かけてまねしたものの,すぐに乾燥するはずも
なかった……

!原因 乾燥させたいのに水をかけてしまった.

有機化学の実験を始めた頃は,水と有機溶媒の区別がついていな
いことがある.先輩がかけていたのはアセトンである.**水を揮発
性の高い有機溶媒で置換することにより,乾燥を早めていた.**そ
れに対して冬美は水をかけたので,器具に付着している水をなく
すどころか,むしろ追加し,さらに乾燥が必要になったのだ.

失敗例24 乾燥器が炎上した！

アセトンをかけて乾燥することを先輩に教えてもらった秋人は，さっそくそれを試してみた．十二分にアセトンをかけて水を置換した後，乾燥器に入れて立ち去ろうとした．しかし，ふと胸騒ぎを覚えて振り返ると，乾燥器の小窓の向こうに赤い炎が見えていた……

！原因 アセトンをかけすぎた．

水と違って有機溶媒は燃えるものだ．今回は，乾燥器の熱線から使いすぎたアセトンに引火して燃えたのであろう．燃え尽きれば鎮火するが，爆発の危険もある．有機溶媒の使いすぎはもったいないし，処理すべき廃液量も増える．何より健康被害が生じることもあるので，**必要最小限の使用に留めるべきである．**アセトン洗浄した器具の乾燥器使用を禁じている研究室もある．

● チェックしよう！

器具洗浄

☐ 器具洗浄の際も保護眼鏡を着用しているか？
☐ 洗浄浴に浸けるときはしっかりと空気を抜いているか？
☐ スリ合わせの器具はスリを外してから洗浄浴に浸けているか？
☐ 汚れが残っていないかをチェックしながら洗っているか？

器具乾燥

☐ 器具は水が切れるように逆さに向けて乾かしているか？
☐ 乾燥器に入れる器具に有機溶媒が残っていないか？

◆ こんな場合どうする？ 対応例は p.127

Case 15 洗浄浴に浸けるガラス器具が多くて，バケツの横にしゃがんでいる姿勢がつらい．椅子に座って作業してもよいのではと思っている．

Case 16 実験で分液漏斗を使いたいが，洗った直後の濡れたものばかりで，乾いた分液漏斗が残っていなかった．

Case 17 有機溶媒が少し残ったフラスコが実験台にあった．特に汚いものを入れたわけでもないし，揮発性も高いのでドライヤーで乾燥すればよいか．

 失敗例41, 44, 100, 103, 124 も参照

2.3 フラスコ，ビーカー の基礎知識 空欄を埋めてみよう

▶ エルレンマイヤーフラスコ，ビーカー

三角フラスコの名でなじみ深いエルレンマイヤーフラスコやビーカーは，小学校から高校までの実験で最もよく使われるガラス器具である．安価で，安定感があるのが利点である．一方，ひずみがかかっている分，割れやすいので，【①　　　】や【②　　　　　】などには用いてはならない．

▶ ナス型フラスコ，丸底フラスコ

その名前が示す通り，ナスに似ている丸い底のフラスコである．三角フラスコとは対照的に，ひずみが少ない分【③　　　】に優れていて，反応や減圧濃縮に用いる．しかし，底が【④　　　】ので安定が非常に悪く，固定などが必要である．

▶ 三ツ口フラスコ

温度計や滴下漏斗などの器具を差し込む口が3箇所あるフラスコである．上下の部位が分離するセパレート型のものもある．複雑な操作が必要な反応を行なうのに適しているが，非常に高価である．

三ツ口フラスコ

答え ① 加熱 ② 減圧濃縮 ③ 強度 ④ 丸い

失敗例25 ビーカーが倒れてしまった！

夏樹は，ビーカーを使って溶液を調製していた．固体の試薬を秤量し，溶媒を加えてガラス棒で撹拌して溶解させた．「溶液ができた！」と思い，ビーカーを実験台に置くと，ビーカーが倒れた．ビーカーの中の調製したばかりの溶液は実験台の上に広がっていった……

ありゃ！

！原因 ガラス棒を挿したままであった．

見るからに不安定そうな状態でガラス器具を置いても平気な顔をしている学生が散見される．この場合も，小さなビーカーに長いガラス棒を挿した状態があまりにも不安定であるという違和感をもたずに，実験台に置いたことが問題である．**見るからにアンバランスな状態は避けるようにしなければならない．**

トーゼン度 あるある度 キケン度

失敗例26 知らない間に手から血が出た！

ビーカーの入った引出しを開けると，注ぎ口が
少し欠けたものしか残っていなかった．冬美は，
溶液を入れるには影響ないと思って使っている
と，ビーカーに赤い液体が付着していた．手を
見ると指先から血が出ており，春香に助けを求
めた……

!原因 ヒビがそのまま放置されていた．

ビーカーや三角フラスコはひずみがかかっているので，少しの衝
撃でヒビが入ったり欠けたりする．そのまま放置しておくと，冬
美のように手を切ることもあるので，**バーナーであぶって，切り
口を丸めておく**．しかし，ひずみが大きな分，あぶっている間に
ヒビが広がって割れてしまうこともある．先生に報告して，危な
そうな器具は処分すべきだろう．

失敗例27 三角フラスコの下半分が突如なくなった！

冬美は，1Lの三角フラスコを用いて溶液を調
製していた．溶媒にクロロホルムを用いていた
ので，持ち上げるとずっしりと重い．フラスコ
を片手に，胸の前で弧を描くように揺らして固
体の試薬を溶解させていたところ，突然フラス
コが軽くなり，直後にガラスの割れる音がした
……

!原因 フラスコを片手で揺り動かしていた．

クロロホルムも1Lともなると1.5 kgになり，フラスコに負荷
がかかるが，ひずみの大きな三角フラスコは力学的な負荷に弱
い．今回は，その重みに耐えられなくなって下半分が飛んでいっ
た．**もう一方の手で下から支えていれば問題なかった**．1Lもの
クロロホルムを床に撒き散らしたら，後片づけは大変だ．

失敗例28　実験をしていると手が足りなくなった！

冬美は，秤量した試薬を載せた薬包紙とナス型
フラスコを持って固まっていた．ナス型フラス
コは底が丸いので実験台の上に置けない．試薬
をフラスコに入れるのに，手が一本足りないの
である．じっと立ち尽くしている姿を見た先生
がひと言．「フラスコをクランプで挟めばいい
のに……」.

！原因　何もかも手で持とうとしていた.

片手に何かを持つと，残りの手でできることが限られ，場合に
よっては危険である．短冊状に切った厚紙を巻いて作ったナス立
てを使ってもよいが，いびつだったり，重たいものを載せたりす
るとひっくり返ることもあるので，**クランプを用いるほうが無難
である**．手を自由にすることが安全への第一歩である.

失敗例29　フラスコが実験台で大破した！

千秋は，ナス型フラスコをクランプで固定して，
試薬や溶媒を入れ終わり，反応させる準備が
整った．加熱するために，玉入り冷却管をフラ
スコに挿したところ，重みに耐えかねて落下し，
フラスコが実験台にぶつかって大破してしまっ
た……

！原因　クランプの締め付けが緩かった.

クランプは第三の手として有用だが，しっかり留めなければ意味
はない．ただ，ネジを締め付けすぎるとガラス器具が割れてしま
うのではと心配になり，つい手加減をしてしまう．ちょうどよい
加減で止めるためには，**はじめにフラスコをはさむ部分を手で押
さえ，その後でネジを締めていくとよい**．さらに，フラスコが落
ちないように下に台を置いて支えれば，鬼に金棒である.

失敗例30　フラスコの内容物を実験台にぶちまけた！

春香は，三ツ口フラスコを用いた反応を終え
た．後処理をするために，挿してある器具を
すべて抜き去り，フラスコの中身をビーカー
に移していると，実験台に溶媒がこぼれてい
る様子が目に入った．手元を見ると，ほかの
2つの口からも反応混合物が流れ出てしまっ
ていた……

!原因　3つの口を水平に傾けた.

3つの口を水平にして傾けると，中央の口だけでなく両サイドか
らも内容物が当然出てくる．**流動性が高く小さい口から出せる場
合は，3つの口が垂直になるように傾ければよい**．流動性が悪く，
中央の大きな口からしか取り出せない場合は，小さい口に玉栓を
して，内容物が出ないようにしておく必要がある．

● チェックしよう！

三角フラスコ，ビーカー
□ ヒビが入ったり欠けたりしていないか？
□ 力が加わったり減圧したりするような場面で使うことはないか？
□ 不安定な状態で置いていないか？

ナス型フラスコ，丸底フラスコ
□ フラスコは倒れないように工夫をしているか？
□ クランプのネジはしっかり締めているか？

◆ こんな場合どうする？　　　　　　　　　　　対応例は p.128

Case 18 乾燥剤をろ別した溶液を濃縮したい．しかし，三角フラスコに取っ
てからナス型フラスコに移すのは面倒なので，ナス型フラスコに漏斗を挿し
て直接ろ過をしたい．

Case 19 スリ付きの三角フラスコを見つけた．そのままエバポレーターを取
り付ければ，ナス型フラスコに移さなくてすむので便利そうだ．

　　失敗例 19，83，111，119，121，144 も参照

2.4 容量器 の基礎知識

空欄を埋めてみよう

▶ **メスシリンダー**

三角フラスコと同じくらい，なじみのあるガラス器具である．目盛は粗いので，溶媒を量り取る程度の用途に用いる．【① 　　】が高く，倒して割りやすいので，実験台の【② 　　】には置かない．転倒時の破損防止用に市販されている，プラスチック製のバンパーを装着するとよい．

▶ **メスフラスコ**

線が1本あるだけの器具だが，その線まで溶媒を入れると，精密な量の溶液を調製することができる．精密なガラス器具であるので【③ 　　】に浸けたり，【④ 　　】に入れたりしてはならない．

▶ **メスピペット，ホールピペット**

これらも線が1本引いてあるだけだが，精密なガラス器具である．口で吸っていたこともあるが，最近では安全上の問題から【⑤ 　　】を用いて吸い上げることが多い．

左からメスシリンダー，
メスフラスコ，メスピペット

答え ① 重心 ② 手前 ③ 洗浄液 ④ 乾燥器 ⑤ ピペッター

失敗例**31** **メスシリンダーを倒した！**

春香は，メスシリンダーで溶媒を量り終えたので，三角フラスコに移すことにした．実験台の奥にあるフラスコを取ろうと手を伸ばしたとき，白衣の袖が引っ掛かって，メスシリンダーが倒れた．実験台の上には，溶媒にまみれてガラスの破片が飛び散っていた．

やってしまった

!原因 **メスシリンダーを実験台の手前に置いていた．**

メスシリンダーは背が高いので，他の器具に比べて，倒れる率が極めて高い．**実験台の手前ではなく，奥の方に置くよう心掛ける．**倒れて上部が割れても，残った下部で溶媒を量れそうなら，捨てずに使うこともある．その場合はけがをしないように，バーナーの火であぶって，割れた部分を丸めておく．

ケガ度 トーゼン度
あるある度 キケン度

失敗例32 溶液調製の手間を省いて面倒くさいことに！

秋人は，溶液を効率よく（楽をして？）調製する方法を考えた結果，三角フラスコを用いないという結論に達した．すなわち，固体試料をメスシリンダーに入れ，溶媒を目盛まで入れて溶解すれば，フラスコに移す手間が省けるし，洗う器具も少なくて済む．しかし，実際にやってみると，余計に長い時間がかかってしまった……

原因 メスシリンダー内で溶液を調製しようとしていた．

メスシリンダーとフラスコの大きな違いは形状である．フラスコの場合，固体試料を溶解させるときに，揺らしたりガラス棒で撹拌したりできるが，メスシリンダーは内径が狭い上にガラス棒も底まで届かないので，十分に撹拌できない．**ガラス器具にはそれぞれ用途がある**．目的外の用途で使うべきではない．

失敗例33 溶液の濃度が一定しない！

利春は，メスフラスコで調製した溶液を用いて，次の実験に取り掛かった．しかし，実験の再現性がなかなか得られない．いろいろ調べたところ，メスフラスコ内の溶液の濃度が一定でないことが原因であることがわかった．結局，利春は実験のすべてをやり直さなければならなかった……

原因 メスフラスコ内の撹拌が十分でなかった．

メスフラスコでは，首の部分も含めて均一に撹拌しなければならないが，メスシリンダーと同様に，内径が細い部分は撹拌が難しい．栓に指を当ててひっくり返すと，空気の部分がフラスコの底面に移動する．そして元に戻すという操作を2，3回繰り返した後，激しく縦に振って溶解させれば均一な溶液が得られる．溶解させながら段階的に溶媒を加えることが必要な場合もある．

失敗例34 ピペッターまで溶液を吸い上げてしまった！

冬美は，メスピペットに溶液を吸い上げていた．
ピペッターの扱いにはまだ慣れておらず，どの操
作のときにどの部分を指で押せばよいのかを考え
ながら作業をしていた．そんな状態で溶液を吸い
上げていると，細い管を上昇する速度が速く，あっ
という間にピペッターに到達して中に入ってし
まった……

！原因 溶液を勢いよく吸い上げた．

ピペッターには指で押さえる箇所が3つある．それぞれ，空気を
抜くとき，液を吸い上げるとき，吸い上げた液を出すときに使用
する．**溶液を吸い上げるときは，吸い上がる速度に注意して，力
を加減しなければならない**．液が入ったピペッターは，液の種類
によっては，二度と使えなくなってしまう．

キケン度 あるある度 トーゼン度

● チェックしよう！

メスシリンダー
□ 実験台の端に置いていないか？
□ 液量を量り取る目的だけに使用しているか？

メスフラスコ
□ 撹拌して均一な溶液部分を増やしながら溶媒を入れているか？
□ 首の細い部分では線を越えていないか？
□ 逆さに向けてしっかり振って，均一に溶解させているか？

メスピペット
□ ピペッターを使うとき，液をゆっくり吸っているか？
□ ピペッターの中に液が入っていないか？

◆ こんな場合どうする？   対応例は p.128

Case 20 秤量した試料をメスフラスコに入れ，溶媒を慎重に加えていたが，線
を超えてしまった．直後の今なら，過剰の溶媒をピペットで吸い出してもよいか．

Case 21 メスピペットを用いて溶液を量り取りたい．ピペッターがないので
口で吸い上げていると，溶液の一部が勢い余って口の中に入ってしまった．

失敗例 136 も参照

2.5 試薬瓶 の基礎知識　　　　　　　　　　空欄を埋めてみよう

　試薬は，量，性質（要冷蔵，要遮光，禁水性など）の違いによって瓶の形態が異なる．余らせないよう使用すべきだが，余った場合は適切に【①　　　】する．また，空き瓶も【②　　　】してから廃棄する．

▶一斗缶

　溶媒は一斗（18 L）缶で購入したほうが安価である．しかし，研究室に保管できないので，【③　　　　　】に保管しておき，適宜，ガロン瓶などに汲み取る．

▶ガロン瓶

　３L瓶のことであり，頻繁に使用しない溶媒ならば，一斗缶ではなくガロン瓶で購入することもある．研究室ではガロン瓶を保管しておき，そこから各自が 500 mL 瓶に汲み取り，使用することが多い．

▶500 mL 瓶

　使用済みの空き瓶を再利用することが多い．中を十分に洗浄するのは当然だが，試薬名が書いてある【④　　　】を必ずはがしておく．

答え ① 廃棄　② 洗浄　③ 危険物庫　④ ラベル

失敗例35　　**瓶を持ち上げたとたん，落ちて割れた！**

　春香は，実験で使用する溶媒を量るために，近くにあった 500 mL 瓶の蓋をつかんで手に取ろうとした．その瞬間，瓶が落下し，床に落ちて割れた．急いで処理をし始めた春香の横で，先ほどまでその溶媒を使っていた夏樹がすまなさそうな顔をしていた……

！原因　　**瓶の蓋をつかんで持ち上げた．**

　よく使う溶媒を個人で管理することもあれば，共同で使うこともある．この場合は，後者である．夏樹は，何回も溶媒の蓋を開けたり閉めたりするのを面倒に思い，蓋をしっかり閉めずに載せておいた．春香はそれを知らずに蓋を持ち上げたために，瓶が落下したのである．ただ，**瓶の本体を持てば，防ぐことはできた**．夏樹，春香のいずれにも非があったといえよう．

失敗例36 溶媒を試薬瓶に移していたら逆流してきた！

秋人は，溶媒をガロン瓶から 500 mL 瓶に移
そうとしていた．大きい口の瓶から小さい口
の瓶に注ぐので，瓶に漏斗を挿して，溶媒を
入れていた．最初は順調であったが，そのう
ちに渋滞するようになり，突如，漏斗から逆
流して噴き出し，実験台に溶媒が広がってし
まった……

! 原因 漏斗が瓶の口に密着していた．

通常，液が注がれた瓶内の空気は，漏斗の管を通って外に出る．
今回は，漏斗が瓶の口に密着していた上に，大量の溶媒を注いだ
ために漏斗の管を溶媒が塞ぎ，密閉状態になっていた．そのため，
瓶内の空気が逃げ場を失い，漏斗から逆流してきたのである．**漏
斗と瓶の間に何か挟んで空気の逃げ道を作っておけばよい．**

失敗例37 ガロン瓶の溶媒が無駄になった！

冬美は，溶媒倉庫でガロン瓶に溶媒を汲もうと
していた．みんなのためにと思い，3分の1ほ
ど中身が残っていたガロン瓶を2本持ってき
た．作業を効率よく進めるために，2本同時に
汲みながら，一斗缶とガロン瓶を見比べると，
ラベルに表示されている溶媒が異なっていた
……

! 原因 2本のガロン瓶に同時に汲んだ．

複数の作業を並行して進めると，注意力が散漫になりやすい．冬
美はラベルの確認を怠った．ガロン瓶には3分の1ほど中身が
残っていたので，混合溶媒になってしまった．比率もわからない
溶媒の用途は限られているため，結局のところ，2本の溶媒がい
ずれも無駄になってしまったのである．

失敗例38　ガロン瓶がちぎれて飛んで行った！

冬美は，溶媒で満たされたガロン瓶を持って，倉庫から研究室に戻っていた．ガロン瓶の取っ手に指を突っ込んで，手を振りながら歩いていると，腕が急に軽くなった．そして，直後に大きな音がした．後方に飛んで行ったガロン瓶が溶媒もろとも砕け散っていた……

かるいとおもったら…

！原因　ガロン瓶の取っ手だけを持って運んでいた.

ガロン瓶に溶媒を満たすと，4 kg 近くになる．それを取っ手の部分だけで支えると，かなりの負荷が集中する．取っ手の根元で割れて，瓶が落ちてしまうこともありうる．**ガロン瓶を持つときは，一方の手で取っ手を持ち，もう一方の手は瓶の底に添えなければならない**．三角フラスコの場合の注意と同様である．

トーゼン度　あるある度　キケン度

● チェックしよう！

溶媒汲み
□ 溶媒のラベルを確認したか？
□ 換気のよいところで汲んでいるか？
□ ガロン瓶の底に手を添えて持っているか？

500 mL 瓶
□ 溶媒を入れるときに空気の逃げ道を作っているか？
□ ラベルと瓶の中身は一致しているか？
□ 蓋をきっちり締めているか？

◆ こんな場合どうする？　　　　対応例は p.128

Case 22　空になった 500 mL 瓶にふだんよく使う溶媒を入れて使いたい．使うのは自分だけなので，ラベルは剥がさずにそのまま使ってもよいだろうか．

Case 23　ガロン瓶をいくつか持っていって溶媒を汲みたいが，手では持ちきれないので，台車に乗せることにした．

Case 24　溶媒を汲みにいったところ，一斗缶に残り 10 分の 1 程度になった．しかし，空になったわけではないので，注文は次の機会でよいと思っている．

2.6 注射器，マイクロシリンジ の基礎知識 　空欄を埋めてみよう

液体を容器から容器に移す際や，液体の試薬を用いて反応を仕込む際などに活躍するのが，注射器やマイクロシリンジである．

▶注射器

注射器は，中が空洞で円筒型の【①　　　　】と，「押し子」とも呼ばれる【②　　　　】と，【③　　　　】から構成される．ガラス製は全面スリ合わせなので，アルカリや試薬などが付いたまま放置すると，くっつく可能性があり，試薬によっては，注射器にダメージを与える．そうした場合は，使い捨てのプラスチック製注射器を用いるとよい．

▶マイクロシリンジ

より精密な量を量り取りたいときには，マイクロシリンジを用いる．高価な器具であるので，洗浄浴に浸けたり乾燥器に入れたりしてはならない．使用後は【④　　】で十分に洗う．細い針の内部は【④　　】が残り易いので，ダイアフラムポンプなどで吸引して乾燥する．

シリンダー

プランジャー

マイクロシリンジ

答え　① シリンダー　② プランジャー　③ 注射針　④ 溶媒

失敗例39　注射器を2本，使い物にならなくしてしまった！

冬美は，注射器を使おうと思ったが，全部使用されていた．そこで，乾燥器の扉を開けて，シリンダーとプランジャーのペアを探した．スムーズに動きそうなペアを見つけたので，それを使って溶媒を吸い上げ始めたが，途中で動かなくなり，そのまま復活することはなかった……

ちがうの？

⬆

!原因　ガラス製注射器に書いてある番号を見ずに使用した．

ガラス製の注射器は全面スリ合わせになっていて，**ペアを識別する番号がシリンダーとプランジャーの側面にそれぞれ書いてある**．冬美はそれを無視して選んだために，途中でつかえて動かなくなってしまった．それぞれの相方同士を組み合わせても，注射器の機能を果たすはずはなく，2本の注射器を無駄にした．

キケン度
あるある度
トーゼン度

2

失敗例40　注射器で仕込むと試薬が多く入り過ぎた！

秋人は，液体の試薬を仕込もうと思い，少し長めの針を装着した注射器で吸い上げた．その試薬を使った反応が終わり，解析してみると，きっちり等モルの試薬を入れたはずなのに，なぜか過剰に入っていたようで，未反応の試薬が回収されていた……

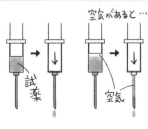

!原因　空気を抜いていなかった.

注射器の目盛を見ると，プランジャーを押して止まったところが0（ゼロ）になっている．試薬を吸い上げたとき，注射針内の空気がシリンダーに入るが，そのまま押し出すと針の中の試薬も出てしまい，その体積分だけ試薬が多くなってしまう．**注射器をひっくり返して，中の空気を抜いた後に，静かに0の位置までプランジャーを下ろそう．**

失敗例41　いつの間にか反応系に水が混入した！

春香は，非水系の反応を仕込んでいた．空気中の水によっても分解される試薬を使っていたので，アルゴンを流しながら注射器で有機溶媒を反応容器に入れていた．しかし，脱水溶媒を加えたにもかかわらず，溶液の色が変わり，試薬が分解していく様子が見られた……

!原因　注射器が乾燥できていなかった.

春香は，反応雰囲気をアルゴンにしていたし，脱水溶媒も用いていたことから，水の混入には十分気をつけていた．注射針は，乾燥器内で熱くなっているものを軍手で取り出して使った．実は，この針が原因だった．**針のように細い形状のものは，中の水が抜けにくく，乾燥器に長時間置いても乾かないことが多い．**アセトンを通してから乾燥器に入れるとよい．

失敗例42 注射器の針が外れて溶媒が飛び散った！

夏樹は，反応に用いる溶媒を少し大き目の注射器
でフラスコに入れようとしていた．プランジャー
を押し出すと，勢いよく溶媒が注ぎ込まれた．そ
の瞬間，注射針が外れ，生じた隙間から溶媒のし
ぶきが飛び散り，夏樹の顔にかかってしまった
……

！原因 細い注射針に大量の溶媒を押し出した．

注射針は細い．そこに大量の溶媒を押し出したので，**その圧力に
耐えかねて針が外れてしまったのである**．溶媒だけでなく，試薬
を注射器で仕込むときも同様のことが起こり得る．中には危険な
試薬もあるので，勢いよく押し出しすぎないようにする．注射針
をロックするタイプの注射器も市販されているので，このような
事故が危惧される場合には有効である．

失敗例43 マイクロシリンジのプランジャーが曲がった！

冬美は，50 µL のマイクロシリンジを使用してい
た．試薬の量が 45 µL と多かったので，プラン
ジャーをほぼ端まで引く必要があった．その試薬
をフラスコに入れていると，変な手応えを感じた．
プランジャーが曲がってしまい，それ以上押すこ
とも引くこともできなくなった……

！原因 プランジャーを真っ直ぐに押していなかった．

マイクロシリンジは，その名の通り 0.01 ～ 0.1 mL 程度の量の
試薬を量り取る器具である．**容量が小さい分，シリンダーは細く，
プランジャーも細いので，少しの力で容易に曲がってしまう**．端
まで引いたプランジャーを，方向をそらさず真っ直ぐ押し込むの
は非常に難しく，斜めに力がかかることが多い．この作業が苦手
な人には，ガイド付きのマイクロシリンジがお薦めである．

失敗例44　マイクロシリンジが動かなくなった！

春香は，マイクロシリンジを使おうと箱から取り出した．しかし，プランジャーがピクリとも動かない．よく見ると，内部に茶色く着色している箇所があった．なんとか溶媒を染み込ませようと，温めたり超音波洗浄器に入れたりしたが，ガラスの塊のまま復活はしなかった……

！原因　前回使用した際によく洗っていなかった.

マイクロシリンジを使用した後，**洗ったつもりでも試薬が残っていると，こびりついたり錆びついたりして，プランジャーが動かなくなることがよくある**．溶媒が染み込めば，汚れが溶けて動き始めるが，染み込まないことが多い．超音波洗浄器を使う手もあるが，針とシリンダーが一体型の場合，振動で針が外れてしまうこともある．くっついた状態にしないことが重要である．

● チェックしよう！

注射器

□ シリンダーとプランジャーの番号は同じか？
□ 注射針は中まで乾燥しているか？
□ 注射器の中に空気は入っていないか？
□ 静かにプランジャーを押しているか？

マイクロシリンジ

□ 吸い上げる量を6〜7割程度に留めているか？
□ ゆっくり，かつ真っ直ぐにプランジャーを押し出しているか？
□ 使用後は十二分に洗ったか？

◆ こんな場合どうする？　　　　　　　　　　　　　　対応例は p.128

Case 25　使用した後の注射器と注射針を洗いたい．他の器具を一緒に洗浄浴に浸けておくと行方不明になりそうである．

Case 26　注射針を洗ったが，乾燥器に入れるだけでだいじょうぶだろうか．

Case 27　マイクロシリンジのプランジャーを押そうとしたが，固くて動かなくなってしまった．どうやら何かが針の中に詰まったようだ．

　　　　　　　　　　　　　　失敗例54，56，57，131 も参照

2.7 ピペット の基礎知識 空欄を埋めてみよう

　液体を容器から他の容器に移す際に用いる．目盛がなく（あっても精密ではない），【①　　　】性を必要としない場合に用いる．乳首と呼ばれるゴム製のキャップのようなものに挿して，ゴムを押すことによって吸い上げる．あまり勢いよく吸い上げると，ゴムの中に液体が入ってしまうので注意が必要である．

▶**駒込ピペット**

　中央部に膨らみを持つので，少し多めの溶媒を計り取ることができる．目盛が付いているが，メスピペットのような【②　　　】性を期待してはいけない．

▶**パスツールピペット**

　一般によく用いられている使い捨てのピペットである．先が細いガラス管になっているので折れ易い．研究室によっては，洗浄・乾燥して再利用しているところもある．その場合は，先端の細い部分が乾燥しにくいので，注射針と同様，【③　　　】を通して水を置換しておくとよい．

駒込ピペット（左）と
パスツールピペット（右）

答え ① 定量 ② 精密 ③ アセトン

失敗例45 ピペットの破片が飛んできた！

　秋人は，NMR のサンプルを調製していた．細い NMR チューブに試料を入れるには，先の細いパスツールピペットを用いるのが最適である．ピペットの上側から溶媒を加えて溶かそうと思い，手首の向きを変えた瞬間，先の細い部分が折れ，飛んできた破片が保護眼鏡に当たった……

！原因 横方向に力を加えてしまった．

　パスツールピペットは先が細く，NMR チューブのように細いところにも液体試料を入れることができる．また，上側から溶媒を流せば，試料のロスを防ぐこともできる．しかし，**細いが故に折れやすい**．秋人が手首を捻って横向きに力を加えたために，てこの原理で先が折れてしまったのである．どのような実験であっても保護眼鏡は装着しておかなければならない．

失敗例46　ピペットで吸い上げた液が目盛の量より少なかった!

冬美は,駒込ピペットで溶媒を量り取っていた.ゴ
ムの中に溶媒が入ってしまわないように,目盛の部
分の液面が上がってくる様子を集中して見ていた.
目的の量に達したので,溶媒をフラスコに入れよう
とすると,横にいた先輩に「ちゃんと量ることがで
きてないよ」と言われた……

原因　ピペットの先に空気が入っていた.

通常使用しているガラス器具では,液体の下に空気が入っても,
浮力により液体よりも上に浮いてくる.しかし,**ピペットは全体
的に細いので,空気が入ったとしても,溶媒を押しのけて浮いて
くることができない**.冬美の場合,上の方の目盛を見ることに集
中するがあまり,ピペットの先が溶媒から離れて空気を吸ってし
まったことに気づかなかったのである.

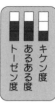

● チェックしよう!

□ パスツールピペットは乾燥しているか?
□ 駒込ピペットの先は欠けていないか?
□ 液を静かに吸い上げているか?
□ 液を吸い上げたときに空気は入っていないか?
□ ピペットを横向きに持っていないか?

◆ こんな場合どうする?　　　　　　　　　　　　　　　　対応例は p.128

Case 28　減圧濃縮した液体試料をパスツールピペットで吸い上げて NMR
チューブに入れ,重クロロホルムを加えると,溶液の上に水滴が浮いていた.

Case 29　駒込ピペットを使用して溶媒を量り取りたい.先が少し欠けている
が,これくらいなら影響は大きくないかなと思っている.

2.8 温度計 の基礎知識

空欄を埋めてみよう

測定する温度範囲や用途に応じていろいろな種類のものがある.

▶ **水銀温度計**

－30 〜 360 ℃の温度を 0.1 ℃の精度で測ることができる,最も一般的な温度計.水銀が膨張しすぎると毛細管が割れるので,【① 　　　】しないようにする.

▶ **赤色温度計**

アルコール温度計とも呼ばれ,赤色に着色されている.【② 　　　】が大きいために毛細管も太く,水銀温度計に比べて読み易いが,その分,【③ 　　　】も大きい.

▶ **その他**

着色した有機溶媒が入った低温温度計,耐熱ガラスに水銀を封入した高温温度計,二種の金属線を用いてその電位差を測る熱電対温度計,温度で変わる白金の抵抗を測定する抵抗温度計,半導体の抵抗の温度変化を見るサーミスタ温度計,物体から放射される赤外線を測定する放射温度計などがある.

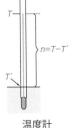

温度計

答 ① 過熱 ② 熱膨張 ③ 誤差

失敗例47　温度計が折れて水浴に水銀が漏れた!

春香は,フラスコを水浴で温めていた.その水浴は温度を調整できるものの,温度の分布が一様でなかった.温度計なら,温度を測りながら撹拌できるので一石二鳥だと思いながら撹拌していると,ヒーターに当たってしまい,水浴の底に水銀がこぼれ出た……

⬆

!原因　温度計をガラス棒代わりに使用した.

水浴の温度調節器のセンサーがヒーターより下に設置されていることがある.センサーが目的の温度を感じた頃には,上の方が熱くなって温度勾配が生じてしまう.それを防ぐためには撹拌が必要である.春香は温度計をガラス棒代わりに用いたために,水銀を漏らす事態になった.水銀を処理するのは大変である.**温度計はあくまで温度を測るものであり,撹拌棒ではない.**

キケン度　あるある度　トーゼン度

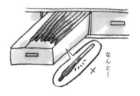

失敗例48 温度計が実際より高い温度を示していた！

冬美は，温度計を見ながら温度を調節し，実験を
進めていた．温度が高すぎると試薬が分解してし
まうので，かなり慎重にやっている．所定の時間
が過ぎたので，反応を終了して後処理をしたとこ
ろ，反応はまったく進行しておらず，未反応の原
料が回収されたのみであった……

!原因 **温度計が切れていた.**

温度計を引出しなどで横向きに保管していると，液の途中に切れ
目ができてしまうことがある．**温度計の内部は毛細管になってい
るので，一度切れると，なかなか元に戻せない**．そのような状態
になった場合，液体窒素で冷やして空気の部分を球部に戻すと
か，雑巾の上に軽く落とすことを何回も繰り返して空気を上に移
動させるなど，根気のいる作業が必要になる．

● **チェックしよう！**

□ 温度計は切れていないか？
□ 用途に応じた温度計を選択しているか？
□ 測定したい温度は測定可能な範囲内か？
□ 油浴，水浴は撹拌されているか？
□ 温度計をゴム栓に挿すときは両手を近づけているか？

◆ **こんな場合どうする？** 対応例は p.128

Case 30 蒸留装置を組んで，加熱を開始した．しばらくしてフラスコ内の液
体からは泡が出始めたものの，温度計の温度はいっこうに変化が見られない.
Case 31 温度計を油浴に挿して，温度を測りながら加熱したいが，どうすれ
ば正確な温度を知ることができるだろう.

失敗例 50 も参照

3章 ゴム製品

3.1 ゴム栓, ゴム管
3.2 セプタムラバー

3

板または
ボール紙

実験台

コルクボーラー

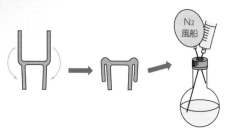

N₂
風船

セプタムラバー

3.1 ゴム栓, ゴム管 の基礎知識 　　空欄を埋めてみよう

　ゴムの性質の特徴は【①　　　　】と【②　　　　】をもつことである.
【②　　　　】を失ったゴムは使うべきではない. 最近はスリ合わせのガラ
ス器具が比較的安価で入手できるので, ゴム製品を使う機会が減ったが,
実験室にないと困ることも多い. 材質によって性質が異なるので, 目的に
応じて使い分ける. 天然ゴムは最も一般的であるが, 有機溶媒に触れると
膨潤し, 【③　　　　】が溶け出すことがある. 必要ならば, 耐熱性や耐薬
性に優れたシリコンゴムやフッ素ゴムなどを使用する.

▶ゴム栓
スリ合わせの玉栓代わりにフラスコに蓋
をするときに便利である.【③　　　　】
が溶け出して, ガラスにくっつくことも
あるので薬包紙などを挟むとよい.

▶ゴム管
フレキシブルなので, 気体誘導管やガラス管の接続など用途は広い. 減
圧するときは潰れてしまうので,【④　　　　】ゴム管を用いる.

答え ① 柔軟性 ② 弾力性 ③ 可塑剤 ④ 真空用

失敗例49　ゴム栓の横に穴が開いた！

春香は，コルクボーラーを使って，ゴム栓に穴を開けていた．刃先をゴム栓の中央に当て，グリグリ押し込んでいた．格闘すること15分．ようやくコルクボーラーの先端が顔を出したが，ゴム栓の側面からだった．春香は，新しいゴム栓で最初からやり直さなければならなかった……

原因　ボーラーの方向を真っ直ぐにできていなかった．

ゴム栓の穴開けは，慣れない人がすると，力を入れた割にボーラーがほとんど進まず，斜めに進んで側面に穴が開くこともある．**ゴム栓とボーラーを持つ手を交互に回転させると，効率よく穴を開けることができる**．また，水を1滴垂らすと抵抗が軽減される．穴が貫通する直前にボーラーが外に出てくる際，ゴムが膨らんで穴が小さくなるので，木片などを当てて穴を開けきるとよい．

失敗例50　温度計が折れて指を切った！

夏樹は，蒸留装置を組み立てていた．ゴム栓にコルクボーラーで穴を開け，蒸気温度を測るための温度計を差し込んでいた．回しながら押し込むと，温度計が徐々に入っていたが，あるところで抵抗がなくなり軽くなった．手を見ると，温度計が折れて指から血が流れていた……

原因　両手の間隔を空けて温度計を挿していた．

最近はスリ合わせの器具を使うことが多く，ゴム栓を使う機会はかなり減った．蒸留装置用のスリ付き温度計も市販されているが，高価なので，ゴム栓に穴を開けて温度計を挿して使うことも多い．**ゴム栓と温度計を持って差し込む際，両手の間隔が空いていると，力が真っ直ぐにかからず，折れることがある**．指の神経を切ることもあるので注意が必要である．

3

蒸留していたらすべて消えてしまった！

春香は蒸留をしていた．スリ付き温度計がなかっ
たので，ゴム栓に温度計を挿して使用しなければ
ならなかった．しかし，穴を開けるのは面倒くさ
い．そこで，引出しの中から穴の開いたゴム栓を
探し出して，それを用いて蒸留したのだが，受器
には何も溜まらなかった……

⬆

!原因 柔軟性のない古いゴム栓を使用した．

ゴムは古くなると硬くなり，柔軟性を失う． 通常は，生じた隙間
をゴム栓の伸縮性によって塞いでくれるが，柔軟性のない古いゴ
ム栓を使用したので，ゴム栓と温度計の隙間がふさがらなかった
のである．加熱されて気化した蒸気は，冷却管に行く前に，隙間
から外へ逃げてしまった．漏れ出したらにおいなどで気づいても
よさそうなものだが．

キケン度
あるある度
トーゼン度

冷却管が水漏れした！

夏樹は，還流加熱の準備をしていた．フラスコの
上に冷却管を挿し，冷却水を流すゴム管も挿して
準備万端である．水道の蛇口をひねると，ゴム管
の一部が裂けて，そこから水が吹き出した．実験
台が水浸しになり，加熱を始める前に掃除をしな
ければならなかった……

⬆

!原因 劣化したゴム管を使っていた．

ゴムは長期間置いておくと固くなり劣化する．弾力性を失ったゴ
ムはもはやゴムではない．夏樹は古いゴム管を使用したので，ヒ
ビ割れした部分から水が漏れたのである．**使用する前に折り曲げ
てみて，ヒビ割れしていないかどうかを確かめるべきである．** 外
側にヒビがあれば，内部にもヒビがある可能性が高い．そのよう
な場合は，面倒がらず，新品と交換すべきである．

キケン度
あるある度
トーゼン度

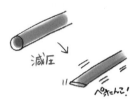

失敗例53　真空ポンプをつないでも減圧されなかった！

秋人は，器具を減圧乾燥しようと思い，耐圧ゴム
管を探したが，すべて出払っていた．そこで，代
用品として，そばにあった黒ゴム管をつないで真
空ポンプのスイッチを入れた．しかし，ゴム管は
ペチャンコになってしまい，いつまで経っても器
具は減圧されなかった……

！原因　耐圧ゴム管を使わなかった．

ひと口にゴム管と言っても，材質によっていろいろな種類があ
る．秋人が使用した黒いゴム管は，薄くて伸縮性があるので，気
体の誘導管や冷却管の接続などに使用する．一方，**耐圧ゴム管は
肉厚でしっかりしているので，減圧してもペチャンコになる心配
はない**．それぞれの器具や道具には，材質に基づいた用途がある
ので，目的に応じたものを使わなければならない．

● チェックしよう！

□ ゴム栓は硬くなっていないか？
□ コルクボーラーを力任せに押していないか？
□ 有機溶媒に触れる場所にゴム栓を使用していないか？
□ 用途に応じたゴム管を使用しているか？
□ ゴム管を曲げたときにひび割れが生じていないか？

◆ こんな場合どうする？ 対応例は p.128

Case 32 耐圧ゴム管をナス型フラスコに直結して，無色の試薬を減圧乾燥し
ていたら，真空ポンプとの間のトラップに褐色の液が溜まった．

Case 33 黒ゴム管を気体誘導管に使いたい．実験装置につなぐと少し長いが，
切ってしまうと他の用途に使えなくなるかもしれない．

3.2 セプタムラバー の基礎知識 | 空欄を埋めてみよう

アルゴン雰囲気下で液体の試薬を仕込む際は注射器を使う．アルゴンガスをオーバーフローさせながら，少し隙間を開けて注射針を挿し込み，フラスコ内に入れる．試薬瓶から注射器で量り取って反応容器に入れるときはこの方法でよいが，フラスコ中にアルゴン雰囲気で保存している試薬を移す場合は，【①　　　】や【②　　　】の混入の危険性が高くなる．そのような場合に有用なのが，セプタムラバーである．

注射器を突き刺して，外気に触れさせることなく，フラスコ内の試薬を取り出せる．フラスコ内が減圧になり，注射器で吸い上げにくくなるので，注射針に【③　　　　　　】を取り付けておくとよい．

セプタムラバーは，注射針を抜いてもゴムの復元力で穴を塞ぐことができるが，何度も同じところを刺していると，その効力も薄れるので，できるだけ違う場所に針を刺すようにする．

答え ① 空気　② 湿気　③ 風船（バルーン）　回転数

失敗例54　セプタムラバーに穴が開いた！

夏樹は，セプタムラバーを取り付けたナス型フラスコから，試薬を注射器で吸い上げていた．注射針を刺そうとしても，抵抗が大きくて刺しづらい．1ヵ所だけ刺し易い部分があったので，繰り返しそこに針を刺して試薬を吸い上げているうちに，まったく抵抗なく針を刺せるようになった……

原因　同じ場所に何度も注射針を突き刺していた．

セプタムラバーは注射針を刺しても，ゴムの弾力性によって密着し，空気や湿気がフラスコに入ることを防ぐ．したがって，注射針を刺すときに抵抗があって当然である．**刺すのが楽だからといって同じ場所を刺していると，ゴムの復元力がなくなり，ただの穴の開いたゴム栓になってしまう．**フラスコ内に空気や湿気が入り込み，セプタムラバーを使用している意味がなくなる．

ケン度
あるある度
トーゼン度

失敗例55　セプタムラバーがキノコのようになった！

春香は，実験器具の保管されている引出しを整理し
ていると，小さな枝付き試験管を見つけた．これは
かわいいと思い，それを用いて反応を仕込み，終夜
撹拌した．翌朝，後処理をするために反応装置のと
ころに行くと，試験管の上にキノコのように膨らん
だ物体があった……

！原因　小さすぎる器具を用いた．

実験器具には小さいスケール用のミニサイズのものもある．今回
は，スケールが小さくないにもかかわらず，小さな器具を用いた
のが失敗の原因である．**反応溶媒とセプタムラバーとの距離が近
く，ゴムが溶媒の蒸気を吸って膨潤したのである**．おそらく，試
験管内の溶媒はほとんどなくなっていたと思われる．スケールに
応じて適正な大きさの器具を使用しなければならない．

失敗例56　薬品を先輩の手にかけた！

春香は，セプタムラバーが装着された 500 mL 瓶
から試薬を注射器で吸い上げていた．しかし，セ
プタムラバーの抵抗が強く，注射針を抜こうとし
ても一緒に持ち上がってくる．そこで先輩に瓶を
持ってもらったが，注射針を抜いたとたん，漏れ
出た試薬が先輩の手にかかった……

！原因　試薬を吸い上げた注射器の下に手があった．

セプタムラバーが装着されて市販される試薬は，空気中の酸素や
水分で分解する反応性の高い試薬であることが多い．新品だと，
セプタムラバーは弾力性に富んでいるので，注射針を捉えたまま
離さないほど抵抗が大きい．注射器を持ち上げると，瓶も一緒に
ついてくることもある．優しい先輩は親切心で瓶を支えてくれた
が，**先輩に頼む前に，クランプで固定しておくべきだった**．

失敗例57 試薬を吸い上げることができない！

冬美はセプタムラバーに注射針を刺して，液体の
試薬を吸い上げていた．最初は順調に試薬が注射
器に入ってきていたが，途中から徐々に重たく
なってきた．悪戦苦闘したものの，必要な量の半
分程度しか吸い上げることができず，結局はあき
らめてしまった……

！原因　窒素を補給していなかった．

セプタムラバーを取り付けた瓶の中は密閉系なので，注射器で試
薬を吸い上げると，減圧状態になり，吸い上げることができなく
なる．**窒素やアルゴンを満たした風船を取り付けた注射針を刺し
ておけば，吸い上げられた試薬の分だけ不活性ガスが補給され，
必要量を吸い上げることができる**．

● チェックしよう！

□ セプタムラバーの内側に汚れは付いていないか？
□ セプタムラバーは弾力性があるか？
□ 大きな穴が開いてはいないか？
□ 減圧したときに空気の漏れはないか？

◆ こんな場合どうする？　　　　　　　　　　対応例は p.128，129

Case 34 セプタムラバー付きの市販の試薬を使っている．半分ほど使用した
　　時点であるが，注射針を刺した跡だらけになっている．

Case 35 セプタムラバーに注射針を刺すときだけでなく，抜くときも抵抗が
　　ある．針を抜こうとすると，一緒にセプタムラバーがずり上がってくる．

4章 電気器具

ホットプレート

回転子

スターラー付き

4 電気器具 の基礎知識

空欄を埋めてみよう

　かつてはブンゼンバーナーで加熱しながら反応や再結晶を行っていたが，裸火を使うことは【①　　　】などの危険性もある．最近ではほとんど電気加熱に置き換わっている．加熱に限らず，多くの器具や機器が電化された．

　それに伴っていくつかの問題も生じた．ひとつは実験台に設置されている【②　　　　】の数が足りなくなることである．テーブルタップを利用すれば，増やすことはできるものの，1個の【②　　　　】に流すことのできる電気の量は決まっているので，【③　　　】配線になると危険である．もうひとつは，電気のコードが多くて絡まってしまうことと，【②　　　　】周辺の掃除が行き届かず，ホコリを被りやすいことである．コードは整理して引っ掛からないようにすべきだが，折り曲げて束ねると曲げた部分に負荷がかかり，【④　　　】の原因にもなる．

　また，数字がデジタルで表示されていると，正しいような気になるが，実際とは，ずれていることもある．表示されている値が正しいかどうかを，そのつどチェックしておかなければならない．

答　① 火災　② コンセント　③ タコ足　④ ショート

失敗例58　実験台から突然火花が散った！

夏樹は，少し高い位置に反応装置を組んで
いた．マグネティックスターラーを，ジャッ
キで持ち上げて使用した．反応が終わった
ので，ジャッキのハンドルを回して下げよ
うとすると少し抵抗があった．構わず力を
入れると，バチっという音とともに火花が
散った……

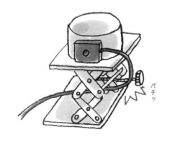

!原因　電気コードがジャッキに挟まっていた．

ジャッキは実験器具の高さを調節するためのものであり，前面のハン
ドルを回すことにより，側面にあるX型の鉄板が開いたり閉じ
たりしながら上下する．**実験台上の電気コードが絡み合って十分
に整理されていなかったので，ジャッキを下ろす際にコードが挟
まっていた．**それでショートしてしまったのである．

失敗例59　タイマーが予定より早く止まってしまっていた！

秋人は，加熱をしようとしていたが，準備に手
間取り，夜遅くなってしまった．明日の朝まで
の加熱であるが，念のためにタイマーで切れる
ようにセットしておいた．翌朝，そろそろ加熱
が終わる頃と思って実験台を見ると，すでに電
源が切れており，冷たくなっていた……

!原因　西日本で実験をしていた．

日本では2種類の周波数の電気が使われている．富士川―糸魚川
ラインより東が50 Hzであり，西が60 Hzである．最近では自
動的に切り替える電気器具も多いが，**古いタイプのものでは，ス
イッチで切り替えなければならない．**秋人は50 Hzの設定のま
までタイマーをセットしたために，実際より早く電源が切れてし
まったのである．

失敗例60 水浴が高温に加熱されていた！

春香は，水浴で加熱をしようと思い，設定温度を40℃にセットした．横について眺めていると，少しずつ温まっていった水浴が，湯気を出し始め，グツグツと音を立て始めた．これはさすがにおかしいと思って温度を計ると，90℃近くまで加熱されていた……

!原因 小数点があるものと思っていた．

最近は，器具の設定をデジタルの数字を見ながらできるようになった．この場合，春香は**40.0℃**に設定したつもりであったが，**あると思っていた小数点が実際にはなく，400℃に設定されていた**．だから，いつまで経っても加熱が止まらなかったのである．電気器具の設定値などは，そのつど注意深く確認する習慣をつけるべきである．

キケン度
あるある度
トーゼン度

● チェックしよう！

□ 機器は正常に作動するか？
□ 周波数や数値は正しく設定されているか？
□ 電気コードは整理されているか？
□ タコ足配線になっていないか？
□ コンセントの周りにほこりが溜まっていないか？
□ 使用後はスイッチを切ったか？

◆ こんな場合どうする？   対応例は p.129

Case 36 水浴の水を入れ替えようと思って側面を持つと，ビリっとした感触があったが，たいしたことはなかったので，そのままでよいと思っている．

Case 37 油浴で使用しているヒーターは，コードをある角度にしたときにのみにしか加熱できないので，調整が難しい．

5章 ガラス細工

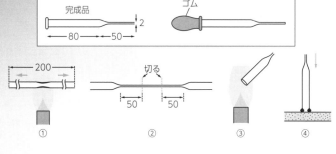

スポイトの作り方

5 ガラス細工 の基礎知識 　　　　　空欄を埋めてみよう

　ガラスはさまざまな形に姿を変えることができ，薬品にも侵されにくいことから，実験になくてはならないものである．最近では数多くの種類のガラス器具が市販されるようになり，ガラス細工をする機会も減ってきた．しかし，ガラス細工によって，使用する実験器具を自作することが多い分野もある．細工を施すときは，【① 　　　　　】を越すまでバーナーで加熱するが，高温で行う作業であるので，【② 　　　　】には常に気をつけなければならない．ガラスが赤くなくなっても，十分に熱いときがあるので，不用意に触ってはならない．

▶アンプル

空気に触れると湿気や酸素の作用によって分解するような，反応性の高い試薬は，アンプル管に封入して保存する．アンプルは薄いガラスでできているので，バーナーの火で容易に封じることができる．通常のガラス細工と異なるのは，加熱している箇所のそばに試薬があるということである．【③ 　　　　】に注意しながら作業する必要がある

答え ① ガラス転移点　② やけど　③ 火災

失敗例61　ガラス管をへし折った！

千秋は，短いガラス管が必要になったので，折ることにした．先輩がヤスリを使って簡単に折っているのを，見よう見まねでやってみた．しかし，ヤスリをのこぎりのようにいくら往復させても切れなかったので，力まかせに折ったら，砕けてしまった……

!原因　ヤスリの使い方を間違えていた.

ヤスリは，ガラス管に対して垂直に立てて鋸のように切るものではなく，**少し寝かせてギザギザの部分をガラス面に当て，傷をつけるものである**．傷を挟んで両手で持ち，傷口が広がるように折ると，たいして力を加えなくても折れる．千秋のように力任せに折ろうとすると，ガラスの破片が飛び散るし，折った部分が鋭利な刃物のようになってケガをする可能性があり，危険である．

失敗例62　キャピラリを引いていてやけどした！

冬美は，TLC に使うキャピラリを引いていた．ガラス管をバーナーで加熱して赤く，柔らかくなった瞬間に引くとおもしろいように引けた．キャピラリの部分を折った後，もう1本引こうとガラス管を手にしたとたん，肉の焦げるにおいがし，遅れて痛みが襲ってきた……

!原因　まだ熱いガラス管を触ってしまった.

ガラスは加熱により自在に形を変えることができる．キャピラリ引きは最も簡単なガラス細工である．ガラス管を引くと，中空を保ったまま非常に細くなる．細くなった部分は冷めるのも速いので，すぐに触ることができるが，**太いガラス管のほうは赤くなくなっても，まだまだ熱い**．ついさっきまで火の中で加熱されていたことを考えれば，当然のことではあるが．

失敗例63　アンプルの中に黒い物体が発生した！

利春は，試薬をアンプルに封入しようとしていた．苦手な作業なので，本来なら2本に分けるところを，1本で済ますことにした．苦労しながらアンプルを熱して封じたところ，黒い固体がふわふわと浮いており，次の反応には使えないことを悟った……

！原因　中の試薬まで熱して焦がしてしまった．

通常のガラス細工と異なり，アンプルを封じるときは中に試薬が入っている．横に傾けすぎるとこぼれ出る可能性もあり，熱する角度もかなり制限される．利春は試薬を多めに入れた状態で封じようとしたために，**試薬がガラスと一緒に加熱されてしまい，焦げたのである**．中の試薬に引火することもあるので，十分に注意する必要がある．

トーゼン度　あるある度　キケン度

失敗例64　アンプルを封じることができなかった！

秋人は，アンプル管を封じていた．慎重派の彼は，ゆっくりとアンプルを加熱し，柔らかくなったアンプル管の先をピンセットで引っ張った．封じた部分が完全に塞がっているかどうか不安だったので，さらに加熱していると，近くに穴が開いた．再度封じても，また他のところに穴が開くという繰り返しで，結局封じられなかった……

！原因　アンプル封入に時間をかけすぎた．

アンプル管のガラスは薄いために，加熱するとすぐに柔らかくなる．秋人の場合，閉じた後にダメ押しでさらに加熱を続けた．その結果，**密閉状態のアンプル内の空気も加熱されて膨張し，圧力**がかかってしまった．アンプル管の薄いガラスは風船のように膨らみ，破れて穴が開いてしまったのである．

トーゼン度　あるある度　キケン度

失敗例65　アンプルから液が漏れてきた！

秋人は，苦労しながらも，なんとかアンプルを
封じることができた．しかし，本当に封じるこ
とができたかどうか，不安である．そこで，封
じたアンプル管をひっくり返したところ，
ジュッという音とともに，先端から雫が垂れて
きた……

！原因　冷ますのを待ち切れなかった．

冷たいコップに熱い湯を入れると，膨張率の違いに耐えられなく
なって割れることがある．秋人は**封じた部分がまだ熱いのにひっ
くり返したために，冷たい試薬に触れたガラスが割れて**，染み出
してきたのである．慎重派の割に待ち切れなかったのが原因であ
る．もっとも，技量不足のために最初から封じられていなかった
可能性もある．

キケン度
あるある度
トーゼン度

● **チェックしよう！**

ガラス細工

□ ヤスリは寝かせて使っているか？

□ 力まかせに折ろうとしていないか？

□ ガラス細工の直後は細いところから徐々に触っているか？

□ 周りにガラスの破片が飛び散っていないか？

□ ガラスの切断面を熱して丸くしているか？

アンプル

□ 試薬を入れすぎていないか？

□ アンプルを加熱しすぎていないか？

□ アンプルはきっちり封じられているか？

◆ **こんな場合どうする？**　対応例は p.129

Case 38　ガラス管を折った際，ガラス管の断面で指をざっくり切ってしまっ
た．どのように対処してよいかがわからない．

Case 39　キャピラリを引いた後，ガラス管の太い部分を触ったところ，まだ
熱かったのでやけどをしてしまった．

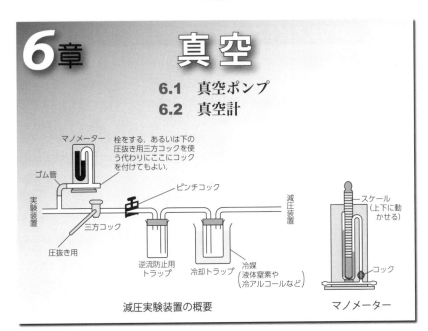

6章 真空

6.1 真空ポンプ
6.2 真空計

減圧実験装置の概要

マノメーター

6-1 真空ポンプ の基礎知識

空欄を埋めてみよう

▶真空ポンプ

文字通り，減圧する機械である．水流ポンプ，ダイアフラムポンプ，油回転ポンプなどがあり，機構や到達度が異なる．目的や用途に応じて使い分ける．いずれも，ポンプの【①　　　】を汚さないことが重要である．共同利用する機械なので，他の人の迷惑にならないように心がける．

▶トラップ

吸引した溶媒の蒸気や酸性ガスなどは，ポンプを痛める原因になる．それを防ぐために，実験装置とポンプの間に【②　　　】を挟む．冷媒で冷やして有機溶媒の蒸気を捕捉したり，【③　　　】を詰めて酸性ガスを捕捉したりする．

▶ピンチコック

真空ポンプのスイッチをいきなり入れると，ポンプに負荷がかかりすぎたり，試薬の突沸や飛散を招いたりする．ねじ式のピンチコックで耐圧ゴム管を閉じておき，ポンプのスイッチを入れた後に徐々に開いて，減圧度を調節する．

答え　① 油　② トラップ　③ アルカリ

失敗例66　いつまで経っても減圧ができない！

利春は，減圧濃縮の準備をしていた．先輩に装置の
不備がないことの確認もしてもらった．真空ポンプ
のスイッチを入れてピンチコックを開いた後，加熱
を始めた．しかし，ポンプは順調に動いているもの
の，フラスコの中の溶媒が蒸発している気配はまっ
たくなく，2時間が経過した……

！原因　まだ実験が始まっていなかった．

ピンチコックを開いてゴム管が通じると，空気がポンプに吸い込
まれるため，少し音が変わる．初めての場合は，どのくらい変化
するかがわからないので，慎重にコックを開け，少しの音の変化
で減圧が始まったと勘違いすることも多い．利春の場合も，**ポン
プは動いたが，まだ空気が通じておらず，装置の中は常圧のまま
だった**．真空計を確認すれば一目瞭然なのだが．

失敗例67　ダイアフラムポンプが動かなくなった！

秋人は，エバポレーターを使って減圧濃縮していた．
沸点の低い溶媒を留去していたので，受器に溶媒が
あまり溜まらなかったが，フラスコの溶媒がなく
なったのでポンプを停めた．しばらくして，他の溶
液を濃縮しようとポンプのスイッチを入れたが，動
かなかった……

！原因　ポンプに溶媒が溜まっていた．

ダイアフラムポンプは，弁が動くことによって減圧を作り出す．
面倒なメンテナンス作業を比較的必要とせず，弁が汚れたときに
交換する程度である．とはいえ，溶媒を吸い込んだまま置いてお
くと，弁や機械が痛んで，突然動かなくなることもある．**使用後
は2，3分空引きしてポンプ内に残った溶媒を追い出しておくと
よい**．

失敗例68 **実験装置に溶媒が逆流してきた！**

春香は，真空ポンプを使って減圧蒸留をしていた．
ポンプとの間のトラップは十分に冷媒で冷やした．
蒸留が終わったので，ポンプのスイッチを切り，ポ
ンプとトラップの間の三方コックを開いて常圧に戻
したとたん，トラップ内の溶媒が装置に流れ込んで
きた……

!原因 **トラップに溶媒が溜まり過ぎた．**

低沸点の溶媒を多量に含んだ混合物を蒸留したため，減圧して気
化した溶媒の蒸気を，**リービッヒ冷却管の水冷では凝縮しきれな
かった．** トラップは冷却の役割を十分に果たし，蒸気をポンプの
方に行かせることはなかったが，トラップの長い管が浸るほど溶
媒が溜まったために，常圧に戻したときに装置に逆流してきたの
である．予防のために，もう少し濃縮しておけばよかった．

失敗例69 **油回転ポンプが回転しなくなった！**

利春は，反応溶媒に使用した無水酢酸を減圧留去
しようとしていた．沸点が高いので油回転ポンプ
で減圧しなければならないが，余分なトラップが
なかった．「酸ではないからいいか」と思い，エ
バポレーターに直結して濃縮した．数日後，ポン
プが突然止まった．修理に出すと，業者から「錆
だらけで修理不可能です」と言われた……

!原因 **トラップを挟まなかった．**

ポンプに酸性ガスを入れると内部が錆びやすくなり，その錆を物
理的に噛み込んでしまうと，動かなくなる．利春は，無水酢酸が
酸でないと判断したのだが，無水酢酸は加水分解されると酢酸に
変化するので，酸を吸い込んだのと同じことになる．**到達減圧度
の高い真空ポンプを使用する際には，トラップが不可欠である．**

6

失敗例70 **エバポレーターが減圧されていない！**

冬美は，酸を含んだ溶液を濃縮するために，エ
バポレーターとポンプの間にアルカリトラップ
を挟んだ．濃縮を始めると，すぐに泡が出て酸
が留去されている様子が窺えた．しかし，その
後はピンチコックを全開しても変化はなく，い
つまで経っても濃縮されなかった……

！原因 **アルカリトラップが詰まっていた.**

アルカリトラップは水酸化ナトリウムや水酸化カリウムの粒を
トラップに入れて作る．酸性ガスが通過する際に，アルカリと反
応して，ポンプに入ることを防ぐが，生成した塩によって詰まっ
てしまうことがある．**使用するときは詰まっていないかどうか，
あるいは変色していないかどうかを確認し，**状況に応じて新たな
アルカリトラップを作り直したほうがよい．

トーゼン度

あるある度

キケン度

● **チェックしよう！**

☐ トラップを挟んでいるか？
☐ 酸性ガスが出る場合にはアルカリトラップを用いているか？
☐ トラップに溶媒が溜まったり，詰まったりしていないか？
☐ ピンチコックで減圧度を調整しているか？
☐ 真空計を見て減圧しているか？
☐ ダイアフラムポンプは使用後に空引きをしているか？
☐ 定期的にポンプのオイル交換をしているか？

◆ **こんな場合どうする？** 対応例は p.129

Case 40 最近，真空ポンプで減圧しても，以前得られた減圧度に到達しない．

Case 41 真空ポンプを動かしていると，カラカラという音がするが，問題な
く動いているから気にしなくてもよいかと思っている．

Case 42 減圧蒸留をしていると，突然停電した．復旧すれば，真空ポンプも
動き始めるから，そのまま放っておこうかと思っている．

 失敗例53，109，110，112，117 も参照

6-2 真空計 の基礎知識　　空欄を埋めてみよう

実験で測定したい減圧度に応じて，マノメーター，回転式マクラウド真空計，ピラニー真空計などを使い分ける．水銀が入ったものは，勢いよく常圧に戻すと水銀の【①　　　】が大きいために，ガラスを突き破ることもあるので，ゆっくり戻す．

▶マノメーター

300 〜 10000 Pa（2 〜 80 Torr）の減圧度を測定する．U 字型のガラス管に水銀が入っている．減圧された装置とつながるコックを開くと，水銀柱が動き始め，その動きが止まったら後ろのスケールを動かし，水銀柱の高さで減圧度を測る．

▶回転式マクラウド真空計

0.1 〜 100 Pa（10^{-3} 〜 1 Torr）の減圧度を測定する．回転部位に取り付けられた水銀入りのガラス管を，減圧になったら 90°回転させて【②　　　】向きにし，毛細管に上がってくる水銀の先端を読み取る．測り終えたら，回転部位を再び【③　　　】向きにしておく．

回転式マクラウド真空計

答え　① 圧力　② 縦　③ 横

失敗例71　マノメーターのガラス管を折ってしまった！

マノメーターは U 字管の先にコックが付いており，その下にガラス接合部がある．秋人は，減圧蒸留の装置を組んでいて，マノメーターに耐圧ゴム管をつなごうとしたが，意外と抵抗が強くて入りにくい．少し力を強めた瞬間，急に抵抗がなくなった．手に持っているゴム管には，折れたガラス管が突き刺さっていた……

かたい

⬆

！原因　ガラス接合部に力をかけすぎた．

ガラス管を接合した部分は物理的な力に弱い．耐圧ゴム管にマノメーターのガラス管を差し込むときは，ガラス接合部に負荷がかかって折れやすい．その先に **T 字管を取り付けておき，マノメーターの面に垂直な方向から耐圧ゴム管を差し込むようにすれば，ガラス接合部への負荷が軽減され**，折れにくくなる．

キケン度
あるある度
トーゼン度

失敗例72　マノメーターからコツンという音が！

春香は，減圧蒸留をしていた．マノメーター
で減圧度を測ると，目標の値に達していた
ので，加熱を始めた．フラスコの中の溶媒
がブクブクと泡を立て始めた頃，横に置い
てあるマノメーターからコツンという音が
した．見ると，水銀柱が一番上に戻ってい
た……

！原因　コックを開いたまま蒸留をしていた．

**マノメーターは減圧度を計るときにコックを開き，測り終えたら
閉じて使用する．** コックを開いたまま蒸留すると，リアルタイム
で減圧度がわかるのでよさそうに見えるが，蒸気が発生して減圧
度が下がったとき，重たい水銀がガラス管にぶつかる．また，開
け放しにしていると，マノメーターの中が汚れる可能性もある．

失敗例73　減圧度を変えても真空計が反応しない！

冬美は，減圧蒸留をしていた．真空ポンプ
のスイッチを入れると，真空計はかなりの
減圧度を示した．ピンチコックを開くと，
装置の中では泡が生じたりして変化が見ら
れたものの，真空計が示す値にはほとんど
変化が見られなかった……

！原因　ピンチコックを取り付ける場所を間違えた．

ピンチコックが蒸留装置と真空計の間に取り付けられていた．真
空ポンプと直結するので，スイッチを入れたとたん，高い減圧度
を示したのは当然である．ピンチコックを開いて装置の中を減圧
状態にしても，真空計はそれほど変化しないであろう．**ピンチ
コックはポンプと真空計の間に取り付けるべき**であり，装置の中
の減圧度を測らなければ意味がない．

失敗例74 真空計からなぜか水銀がこぼれた！

夏樹は，マクラウド真空計を使用していた．減圧度
を計り終えたので，装置から離して運んでいると，
ボトボトという音とともに，水銀が床に落ちて転
がっていた．水銀の量が変われば正確な減圧度を測
ることができないので，新たに入れ直さなければな
らなかった……

!原因 真空計を水平に持って運んでいた.

回転式マクラウド真空計は，前面には回転部位があるが，実際に
装置とつなぐ口は背面にあり，そこに耐圧ゴム管を接続して減圧
度を測定する．夏樹は，水銀が見える面を上にしてていねいに持
ち運びをしていたつもりだが，後ろに開いた口があるので，水銀
がこぼれ出るのは当然である．**真空計を持ち運びするときは地面
に対して垂直に立てて持たなければならない**.

キケン度 あるある度 トーゼン度

●チェックしよう！

☐ 水銀が漏れ出さないように運んでいるか？
☐ 真空計にゴム管をつなぐときは負荷をかけすぎていないか？
☐ 減圧度を測ったらコックを閉めているか？
☐ 常圧に戻すときはゆっくり戻しているか？

◆こんな場合どうする？

対応例は p.129

Case 43 真空ポンプのスイッチを入れてからしばらく経つが，真空計の値は，
本来示すはずの値になかなか到達してくれない．

Case 44 常圧に戻す際，勢いよくコックを開いたら，水銀がガラスを突き破っ
て，床に飛び散った．

6

7章 粉砕

乳鉢

ポリエチレン袋

微粉末が飛散するときの粉砕方法

7 粉砕 の基礎知識

空欄を埋めてみよう

　粉砕とは固体試料を細かく砕き，表面積を大きくする作業のことである．通常は乳鉢を使うが，固体試料が硬くて時間を要するときはミキサーやボールミルを使用する．均一な粒径が必要な場合は，ふるいを併用する．

▶乳鉢

　乳鉢に固体試料を入れて，乳棒を垂直に持ち，力を加えてすり潰していく．乳棒を横向きにしてかなづちのように叩くのは，効果が小さいだけでなく，乳棒が折れることがある．【① 　　】や【② 　　】によって発火・爆発する固体試料の場合は，すり潰してはならない．また，固体試料が毒性ガスを発したり毒性を有したりする場合は，【③ 　　　　　　　】内で作業をしたり，粉末の飛散防止の措置をしたりするなどの対処が必要である．最も一般的に用いられているのは磁性の乳鉢である．比較的少量の試料をていねいにすり潰す際は，メノウ製やアルミナ製の乳鉢を用いる．また，大きい塊や硬い固体を砕くときは鉄製の乳鉢を用いる．メノウ製の乳鉢や乳棒は欠けたり割れたりするので，乾燥器に入れてはならない．

答え ① 摩擦 ② 衝撃 ③ ドラフトチャンバー

やりますよー

実験台が毒物汚染された！

春香は，乳鉢を前に格闘していた．粉砕しようとする固体が思った以上に硬く，乳棒で力を加えると砕けて，かけらが飛び散るのである．それらのかけらを掻き集めては乳鉢に入れて砕くという作業を終えると，実験台は粉末でうっすら白くなっていた．しかもその粉末には毒性が……

！原因 **飛散防止の措置をしていなかった．**

実験台の上に乳鉢を置いて粉砕しようとすると，力がうまく伝わらず，乳鉢が動いてしまうことがある．そのような場合はゴムの板の上などに乳鉢を置くとよい．毒性の固体試料が硬い場合は，破片や粉末が飛散するのを防ぐために，**乳鉢をポリエチレン袋に入れ，外から乳棒を押し当てて砕くとよい**．そうすれば，毒性微粉末を吸い込む危険を回避できる．

トーゼン度　あるある度　キケン度

● チェックしよう！

☐ 試料の性質は調べたか？
☐ どの程度の粒径まで粉砕するかが決まっているか？
☐ 用途に応じた乳鉢と乳棒を選択しているか？
☐ 試料に対して垂直な方向から乳棒で力を加えているか？
☐ 使用後は乳鉢をきれいに掃除したか？

正解

◆ こんな場合どうする？ 対応例は p.129

***Case* 45** IR スペクトルを測定するために，メノウ乳鉢を使って試料と臭化カリウムをすり潰したものの，使用後の乳鉢の掃除のしかたがわからない．

8章 加熱

8.1 加熱器具
8.2 加熱方法

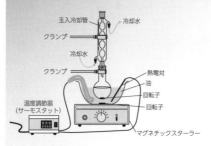

液浴加熱を用いた実験装置

還流加熱

封管加熱
（オートクレーブ反応装置）

8.1 加熱器具 の基礎知識

空欄を埋めてみよう

　反応を【①　　】したり，物質を【②　　】させたりする際に，加熱は不可欠である．かつてはバーナーの裸火で加熱することが多かったが，今では加熱に用いられているのは，ほとんどが電気器具である．目的や用途，あるいは希望する加熱温度によって，用いる器具や加熱方法を選択する．

▶ **電気加熱**

　【③　　】の三角フラスコやビーカーを加熱するにはホットプレートが適している．アルミブロックやマントルヒーターを用いれば，液浴を準備する必要がないので便利である．さらに高温の加熱が必要なときは，電気炉を使う．温度制御をせずに単に加熱するだけなら，ドライヤーやヒートガンで加熱してもよい．

▶ **液浴加熱**

　【④　　】のフラスコを加熱するのに適している．ヒーターで加熱した水浴を用いると，100℃以上の加熱ができず，水が蒸発して空焚きになる恐れもあるので，油浴を用いることが多い．大豆油の油浴では150℃程度までしか加熱できないので，それ以上の温度の加熱にはシリコンオイルを用いる．

答え ① 加速 ② 溶解 ③ 平底 ④ 丸底

失敗例76 蒸留装置から煙が出てきた！

秋人は，大量の溶媒を蒸留しようとしていた．1 L のナス型フラスコをマントルヒーターで加熱するが，フラスコの肩が露出しているので，溶媒の蒸気が冷えて加熱の効率が悪いように感じられた．そこで，雑巾を被せて加熱していると，煙が発生したので慌てて加熱を止めた……

!原因 雑巾を被せたのが余計なお世話であった．

マントルヒーターはガラスなどでできた耐熱繊維で被覆した発熱線を保温材で包み，そこにフラスコを入れて加熱する器具である．保温材とフラスコが隙間なく接するので，全体的に加熱できる．秋人は，気を利かせて雑巾をかけたのだが，可燃性なのでくすぶり始めたのだろう．**シリカクロスなどの不燃性の布が市販されているので，そちらを使うべきであった．**

8

失敗例77 ひとつ間違えれば火事になっていた！

夏樹は，連休に何をして過ごそうかと考えながら，実験の後片付けをして帰った．連休明けに来ると，実験台からカチッという音がする．行ってみると，水浴が干からびてヒーターが真っ赤になっていた．慌てて水をかけると，ヒーターはボロボロと崩れ落ちた……

!原因 水浴の電源を切り忘れた．

実験を終えて後片づけするときに，水浴の電源を切り忘れることがある．通常は翌日に気づいて，ことなきを得るが，非常に危険である．夏樹の場合は連休であったため，その間ずっと加熱され続けていた．真っ赤に加熱されたヒーターの上に紙などの可燃物が落ちたりしようものなら，火事になっても不思議はない．ヒーターを使い物にならなくする程度で済んでよかった．

失敗例78　フラスコの内容がわからなくなった！

春香は，がんばって4つの反応を仕込んでいた．同じ油浴で一緒に加熱するので，取り違えないようにフラスコにマジックで実験番号を書いておいた．反応が終了してフラスコを油浴から引き上げると，マジックの文字が消えており，どれがどの反応かまったくわからなくなっていた……

！原因　マジックでフラスコに字を書いた．

フラスコにマジックで識別番号を書くことがよくある．実験室には有機溶媒があるので，容易に消せるからである．今回は，**油浴の油が有機溶媒と同様の働きをして，マジックで書いた文字を消してしまったのである**．どのフラスコがどの反応のものかわからないので，全部の反応をやり直さなければならなくなった．効率よく実験を進めるつもりが，非効率になってしまった．

失敗例79　実験台が油まみれになった！

秋人は，加熱の準備をしていた．フラスコを油浴に浸け，マグネティックスターラーの電源を入れると，フラスコ内だけでなく，油浴に入れている回転子も動き始めた．その様子を確認した後，居室に戻って休憩し，実験台に戻ると，油浴の油が飛び散って油まみれになっていた……

！原因　回転子の速度が速すぎた．

油浴はヒーターで加熱するが，ヒーターの近くと離れたところで温度勾配が生じるので，回転子を入れて油浴も撹拌する．油が冷えているときは粘度が高いが，**温まると粘度が下がり，撹拌が速くなる**．秋人は粘度の高い状態で少し速めに回転させていたので，高温になるとかなり激しく撹拌することになった．その結果，油浴から油が飛び散り，実験台が油まみれになった．

失敗例80 油浴をひっくり返した！

春香は，ドラフトチャンバーで加熱の実験を終え
た後，引き続きその横で後処理を行った．すべて
の実験が終わり，後片づけも終えたので，ドラフ
トチャンバー前面のフードを閉めたところ，油浴
がひっくり返って，あたり一面油まみれになって
しまった……

！原因 油浴を手前に置いていた．

ドラフトチャンバーで実験をする際，前面のフードは作業の邪魔
になる．春香もそのストレスを軽減するために，実験装置を手前
の方に組んだと推察される．しかし，手前に出しすぎて，**フード
の軌道の上に油浴を置いていたので引っ掛けたのである**．しかし
それは，すべての実験が終わるまでフードを閉めなかったことを
意味しており，こぼした油の処理よりも問題かもしれない．

8

失敗例81 油が天井まで噴き上げた！

冬美が油浴で加熱をしていると，パチパチという音
が聞こえた．冷却管の表面に凝結した水が油に落ち
て，「水の唐揚げ状態」になっていたのである．油
が飛び散らないようにアルミホイルを被せようとし
た瞬間，ボコっという音とともに油が噴き上げて，
熱い油を頭から浴びた……

！原因 油浴の電源を切っていなかった．

冷却管から漏れた冷却水が油浴に入ったり，湿度の高い日に湿気
が凝縮して油浴に入ったりすることがある．そのときは**アルミホ
イルを被せる前に電源を切って加熱を止めなければならない**．少
量であれば，アルミホイルを被せて，すべての水が蒸発するのを
待てばよいが，多く混入している場合には，大まかにパスツール
ピペットで吸い取っておかないと，事故が起こる．

失敗例82 油浴が加熱され続けていた！

春香は，加熱の用意をしていた．冷却管が窮屈な
ので，少しレイアウトを変えた後，温度コントロー
ラーで温度を設定して加熱を開始した．フラスコ
を眺めていると，反応が進行したものの，いつも
と異なる様子が見られた．油浴の温度を測ると，
設定温度よりはるか上になっていた……

！原因 **熱電対が抜けていた．**

ヒーターと電源との間に温度コントローラーを挟み，温度を測る
熱電対を油浴に差し込むだけで油浴の温度制御を行うことがで
きる．この場合，実験装置のレイアウトを変えているときに熱電
対が引っ掛かって油浴から出てしまったが，春香はそれに気づか
なかった．その結果，**油浴の温度上昇を感知できず，加熱され続
けていた．**もし，気づかなかったら大事故につながっていた．

● **チェックしよう！**

□ 実験装置の配置は適切か？
□ 液浴は撹拌して温度勾配が生じないようにしているか？
□ スターラーの速度は適切か？
□ 熱電対は液浴に挿さっているか？
□ 定常状態になるまで観察しているか？
□ フラスコに付いた油やこぼした油を拭き取っているか？
□ 実験が終わったときに電源を切っているか？

◆ **こんな場合どうする？** 対応例は p.129

Case 46 ドラフトチャンバーを覗くと，油浴からこぼれた油が放置されたま
ま，ガビガビになっていた．
Case 47 夜の実験室は静かである．そんなとき，どこかの実験台でときどき
カチッ，カチッという音が鳴っている．

8.2 加熱方法 の基礎知識

空欄を埋めてみよう

　加熱して気化した蒸気を凝縮するには【① 　　　】を用いる．蒸留にはリービッヒを，通常の還流加熱なら玉入りを，蒸発しやすい溶媒を用いたときはジムロートを用いるなど，用途に応じて使い分ける．冷却水は管内を満たす方向で流す．ジムロートの場合は蛇管に先に流す．いずれの場合も冷却水の【② 　　　】に注意する．

▶ 還流加熱

　溶媒が【③ 　　　】する温度で加熱する方法．気化した溶媒が【① 　　　】で冷やされ，凝縮してフラスコに戻っていく．油浴の温度は【④ 　　　】より 10~15 ℃高く設定する．油浴の温度を上げても，フラスコ内は溶媒の【④ 　　　】より高い温度にはならない．それ以上の温度で加熱したい場合は封管加熱を用いる．

▶ 封管加熱

密閉した容器（封管）内で加熱するので，【④ 　　　】以上の温度でも溶媒が蒸発する心配はない．加熱中は内部が【⑤ 　　　】になっているので，破裂して破片が飛んで来るなどの事故に備えた措置を講じておく必要がある．

答え ①冷却器（管）②水漏れ ③沸騰 ④沸点 ⑤加圧

失敗例83 **還流加熱していたら溶媒がなくなっていた！**

秋人は，還流加熱するための装置を組み立てていた．重心が高く不安定であったので，フラスコと冷却管を2本のクランプでしっかり固定した．還流加熱が始まって，しばらくすると，冷却水をしっかり流しているにもかかわらず，フラスコ内の溶媒がすべてなくなっていた……

！原因 **クランプ2本ともしっかりと固定した．**

フラスコに玉入り冷却管を挿した状態は重心が高く，1本のクランプで固定するのは不安定である．それを解消するために2本のクランプで固定した．しかし，少しひずみがあるまましっかり固定したため，フラスコと冷却管のスリの部分に隙間が空き，溶媒の蒸気が冷却管の中を通らずに，スリの隙間から外に逃げてしまったのである．**片方のクランプは緩めに固定するとよい．**

トーゼン度 あるある度 キケン度

失敗例84　下の階が水浸しになった！

夏樹は，終夜，還流加熱を行った．翌朝，研究室
に来ると，床が水浸しになっていた．夜中に冷却
管が外れていたのである．あわてて冷却水を止め
て床を掃除した．下の階の研究室は大丈夫かと心
配になり，降りてみると，天井から水が滴り落ち，
実験台が水浸しになっていた……

！原因　冷却管が実験装置から外れて水がこぼれ続けた．

実験室における水難事故のほとんどは冷却水に関わるものであ
る．**夜になると水圧が変わるのが原因である．**冷却水を流してい
る管が外れたまま，ひと晩じゅう水がこぼれ続けたので，他の研
究室に迷惑をかける大事故となった．冷却管は針金や結束バンド
で留めて，外れないようにしておかなければならない．可能なら
ば終夜実験は避けるべきである．

失敗例85　試験管内の反応混合物が干からびていた！

秋人は，ネジ口試験管を用いて封管加熱を行って
いた．所定の反応時間が経過したので，後処理を
しようと実験台に行くと，試験管内の溶媒がすべ
てなくなり反応混合物が干からびていた．結局，
同じ実験を最初からやり直さなければならなかっ
た……

！原因　パッキンが付いていなかった．

封管加熱は，オートクレーブやステンレス製の頑丈な装置で行う
こともあるが，ネジ口試験管を使うと安価で便利である．肉厚の
試験管に耐熱性樹脂でできたキャップを取り付けるだけなので
手軽に封管加熱ができる．**キャップの内側にはパッキンが付いて
いて密閉性を高めているが，ときどき外れることがある．**そうな
ると隙間から溶媒の蒸気が逃げてしまう．

失敗例86 試験管の内容物が飛び出した！

夏樹は，ネジ口試験管を使って封管加熱をしてい
た．反応が終わったので，後処理をするために
キャップを開けたところ，シュポッという音とと
もに内容物が飛び出した．試験管の口を横に向け
ていたのでかからなかったが，自分の顔の方に向
けていたらと思うと，背筋が寒くなった……

！原因 熱いうちにキャップを開けた．

封管加熱は，溶媒の沸点以上の温度で加熱することができること
に加え，容器内が加圧になる効果も働くので反応が加速される．
夏樹は早く反応の結果が知りたかったのか，試験管がまだ熱い状
態のときにキャップを開けてしまった．**試験管内部は加圧になっ
ていたため，開けた瞬間に飛び出してきたのである．**少しの待ち
時間を省いたために，実験時間を大きくロスしてしまった．

キケン度
あるある度
トーゼン度

8

● **チェックしよう！**

還流加熱

□ 冷却水が漏れないように留めているか？

□ スリ合わせ部位に隙間はないか？

□ 冷却水は正しい方向に，十分に流しているか？

封管加熱

□ キャップにパッキンが付いているか？

□ ドラフトチャンバーの前面フードは閉めているか？

□ 十分に冷えてからキャップを開けているか？

◆ **こんな場合どうする？** 対応例は p.129

Case 48 ジムロート冷却管に冷却水を流したが，内側の管に水が溜まる様子
がいっこうに見られない．

Case 49 ネジ口試験管を洗っていると，傷があるものを何本か見つけた．し
かし，大きな傷ではないので，もう少し使えるのではないかと思っている．

失敗例52 も参照

67

9章 冷却

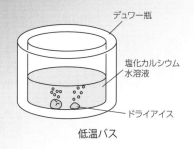

低温バス

デュアー瓶と紙製漏斗

9 冷却 の基礎知識

空欄を埋めてみよう

　【① 　　】で反応させたり，熱分解しやすい物質を【① 　　】で扱ったり，気化した溶媒蒸気を真空ポンプに到達しないように冷やしたトラップで捕捉したりなど，冷却が果たす役割は幅広い．ドライアイスや液体窒素で冷やすこともあれば，機械を用いることもある．

▶ドライアイス

　レンガのような大きさの塊で納品されることが多い．木槌などで叩き割ったかけらをエタノールなどの融点が低い溶媒に入れると，−70 ℃程度まで冷却することができる．扱うときは素手ではなく，【② 　　】などを使用する．

▶液体窒素

　−195 ℃まで冷却することができる．【② 　　】のように浸透する手袋ではなく，厚手の【③ 　　】を着用する．デュアー瓶に入れて使用するが，ガラス製のデュアー瓶は割れる危険性があるので，【④ 　　　　】製のものが望ましい．液体窒素が入った容器を密閉することは避ける．しばらく放置した液体窒素中には液体酸素が生成することがあり，爆発事故が起こる危険性があるので注意する．

答え　① 低温　② 軍手　③ 革手袋　④ ステンレス

失敗例87　ドライアイス浴の溶媒量が少ないまま！

利春は，反応容器をドライアイス浴に浸けて，低温
実験をしていた．エタノールが蒸発して半分くらい
に減ってきたので，瓶から溶媒を注いだ．しばらく
の沈黙の後，ゴボっと大きな泡が生じたかと思うと，
溶媒があふれ出した．結局，溶媒量は補充できない
ままであった……

!原因　室温の溶媒を一気に入れた．

ドライアイス - エタノール系は低温実験でよく用いられる．溶媒
の中にドライアイスのかけらが残っている状態が，低温を維持し
ている目安である．利春は，室温のエタノールを少し多めに入れ
たので温かい溶媒が加わり，ドライアイスが一気に気化して，そ
の勢いで溶媒があふれ出したのである．**溶媒を追加するときは，様
子を見ながら少しずつ加えなければならない**．

キケン度
あるある度
トーゼン度

9

失敗例88　手に水膨れができた！

春香は，液体窒素を使った実験を終え，片付けてい
ると，デュアー瓶に残った液体窒素がこぼれて体に
かかった．しかし，体の表面を走って転がっていき，
冷たさをまったく感じなかった．そこで液体窒素を
手の平に乗せて，転がしてみた．すると，しばらく
して水膨れができた……

危険!!

!原因　液体窒素を素手で触った．

液体窒素を床に撒くと壁際にほこりを集めるなど，おもしろい挙
動を示す．こぼした液体窒素がかかっても一瞬で体の表面を転が
り落ちていくので問題はない．しかし春香は，手の平の上でしば
らく転がしていた．**－195 ℃のものに長い時間触れれば凍傷に
なり，水膨れができ，痛みも生じるのは当然である**．危険なもの
を扱っている意識を持つことが重要である．

キケン度
あるある度
トーゼン度

失敗例89 デュアー瓶が破裂した！

冬美が戸棚を整理していると，古いデュアー瓶が出
てきた．さっそく，それを使って減圧蒸留を始めた．
蒸留が順調に進んでいると思ったその瞬間，大きな
音とともに蒸留装置が倒れ，液体窒素が玉のように
転がり，蒸留していた試薬も飛び散ってしまった
……

！原因 **古いデュアー瓶を使用した．**

かつてはガラス製のデュアー瓶が使われていた．魔法瓶の構造
で，ガラスの内側が真空であり，熱の伝導を抑える．ガラスは傷
つきやすく，何かのきっかけで突然割れることがあるので危険
だ．今回は蒸留装置が巻き添えになって落ちた程度ですんだが，
場合によっては割れたガラスの破片で大ケガをすることもある．
見た目は大丈夫でも古いデュアー瓶は使わないほうがよい．

● **チェックしよう！**

ドライアイス

□ 軍手を着用して扱っているか？
□ 液浴の中にドライアイスのかけらが残っているか？
□ 温かい溶媒を液浴に一気に加えていないか？

液体窒素

□ デュアー瓶はステンレス製のものを用いているか？
□ 液体窒素を扱うときは革手袋を着用しているか？
□ 密閉した容器に液体窒素を入れていないか？

◆ **こんな場合どうする？** 対応例は p.129

Case 50 液体窒素を入れたデュアー瓶にトラップを挿して使用していたら，
耐圧ゴム管に手が引っ掛かって倒しそうになった．

Case 51 大型の容器に液体窒素を汲んできた．初めての経験なので，5階の
研究室にどのように運べばよいかを考えている．

Case 52 ドライアイスの塊をエタノール浴に入れすぎた．軍手を着用したま
まなので，そのまま取り出そうかと考えている．

*10*章　撹拌

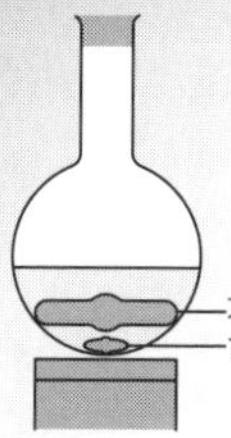

マグネティックスターラーの
適切な回転子の大きさ

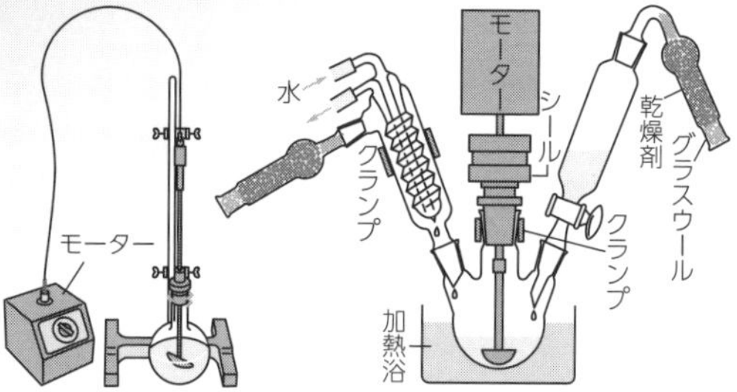

メカニカルスターラーによる撹拌

10 撹拌 の基礎知識　　　空欄を埋めてみよう

　撹拌は，物質を溶媒に【① 　　】したり，【② 　　】を促進したりする上で必要不可欠な操作である．特に不均一系に対しては効果的である．撹拌には，マグネティックスターラーやメカニカルスターラーを用いるのが一般的である．

▶マグネティックスターラー

　テフロンコーティングされた【③ 　　】をフラスコに入れ，フラスコの下から磁石を回して撹拌する．撹拌する対象の溶液やフラスコの大きさに合わせて，【③ 　　】の形状や大きさを選択する．粘性の高い溶液の撹拌も，強力スターラーを用いれば可能だが，メカニカルスターラーを用いるほうが確実である．

▶メカニカルスターラー

　羽根のついた棒をモーターで回転させて撹拌するので，大量の溶液の撹拌に適しており，マグネティックスターラーより撹拌効率が高い．棒が【④ 　　】になるように器具をセッティングすることが重要である．モーターが重たいので，慎重に固定しなければならない．フレキシブルワイヤーを用いるタイプのものは，モーターを実験台に置いて使えるので，非常に便利である．

答え ① 溶解 ② 反応 ③ 回転子 ④ 垂直

失敗例90 回転子が動かなかった！

春香は，実験を行うために，フラスコを氷で冷や
す必要があったので，何かよい器がないかと見渡
すと，手頃な大きさのボウルがあった．ボウルに
氷を入れて，マグネティックスターラーにセット
し，電源を入れたが，回転子はまったく動かなかっ
た……

こわれたか

!原因 ボウルがステンレス製であった．

マグネティックスターラーは内部の磁石が回転することにより，
回転子を回して撹拌する．春香が見つけたボウルは**ステンレス製
だったため，スターラーの動きが回転子に伝わらなかったか，回
転子がボウルに吸い付いて動かなかったのであろう**．このような
場合は，アルミニウム製のボウルを使う．強力なスターラーを使
えば，ボウルの材質に関係なく撹拌することもできる．

キケン度
あるある度
トーゼン度

失敗例91 反応溶液がいきなり着色した！

冬美は反応を仕込もうと思ったが，回転子がすべ
て使われていた．引出しをあさると，少し汚れた
回転子が見つかった．ピンセットでつまんで，ア
セトンで洗うと，その汚れも落ちたので，そのま
まフラスコの中に入れると，それまで無色であっ
た溶液がいきなり着色した……

え?!

!原因 回転子をピンセットでつまんで洗った．

回転子は反応系に直接入れて使用するものなので，非常に汚れや
すい．汚れを取るために，洗うことは必須である．しかし冬美は，
ピンセットでつまんでアセトンをかけたので，ピンセットで隠れ
た部分を洗うことができなかったのである．**アセトンを染み込ま
せた紙で汚れを拭き取る方法を併用すべきだった**．それを怠った
ために，最初から実験をやり直さなければならなかった．

キケン度
あるある度
トーゼン度

失敗例92　スパテラを置いたら回転した！

秋人は，フラスコの中の固体をスパテラで掻き出していた．少し休憩しようと思ったが，試薬のついたスパテラを実験台に直接置くのは気が引けた．そこで，そばにあったマグネティックスターラーに載せた瞬間，スパテラが試薬を飛び散らせながら回転して，横にあったフラスコを吹き飛ばした……

！原因　スターラーのスイッチが入ったままであった．

マグネティックスターラーの速度調整および電源のオフは前面にあるつまみを回して行うことが多い．反応を終えたときにフラスコをそのまま離してしまう人がいる．**回転子の撹拌は止まるが，電源をオフにしない限り，スターラーの中は回っている**．秋人がそこにスパテラを置いたので，突然回転を始めたのである．

10

失敗例93　反応に用いているフラスコが割れた！

利春が行っている反応は，固体が分散している懸濁液であった．系の粘性も高く，マグネティックスターラーのつまみをかなり回さないと撹拌できなかった．それでも撹拌の速度が緩むので，さらに速度を上げると回転子が暴れ始め，フラスコが割れて中身が流れ出した……

！原因　スターラーの速度を上げすぎた．

マグネティックスターラーによる撹拌は，比較的小スケールで粘性の低い溶液に限られる．今回の場合，メカニカルスターラーを使うべきだった．マグネティックスターラーのつまみを回すとパワーアップするように思うが，回転速度が上がっているだけで，そのうちに回転子が付いていけなくなって暴れ始める．そんなときは，一度速度を緩めてから，もう一度速めるようにする．

ghll

失敗例94　実験装置が粉々になった！

千秋は，メカニカルスターラーを含む実験装置をセッティングしていた．重たいモーターも取り付けて準備完了である．試しに電源を入れると，激しい振動のために，モーターがずり落ち，実験装置を粉々に砕いてしまった．千秋はどうすることもできず，茫然としていた……

！原因　モーターの固定が甘かった．

メカニカルスターラーは実験台の上にモーターを取り付ける必要がある．撹拌棒が垂直でないと折れてしまうので，**真っ直ぐに，しかもしっかり固定しなければならない**．背が低く非力な人にはこれが難しいので，他の人にやってもらうべきである．フレキシブルワイヤーを用いたスターラーならモーターを高い位置に固定しなくてよいので，その問題は解決される．

キケン度　あるある度　トーゼン度

● チェックしよう！

マグネティックスターラー
- □ 回転子は汚れていないか？　適した大きさか？
- □ 回転子はスターラーの中心に位置しているか？
- □ スターラーの速度は適切か？
- □ 使用後はスターラーのスイッチを切ったか？

メカニカルスターラー
- □ モーターをしっかり固定しているか？
- □ 撹拌棒を真っ直ぐに設置しているか？
- □ モーターをゆっくり回してみて，撹拌棒に負荷がかからないか？
- □ 撹拌の振動でガラス器具に緩みが生じないか？

◆ こんな場合どうする？　対応例は p.130

Case 53　固体が析出しておらず，粘度も高くない溶液を，マグネティックスターラーで撹拌したが，回転子がフラスコの中で安定して回転せず，暴れ始めた．

Case 54　マグネティックスターラーの速度調節つまみを最大限に回しているにもかかわらず，回転子は回転せず，ブルブルと振動しているのみである．

11章 抽出

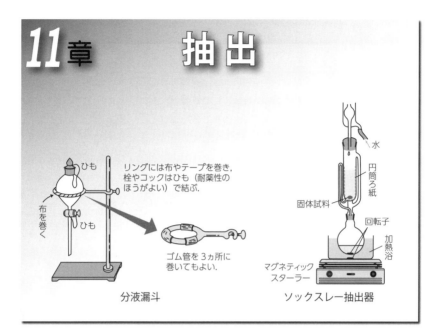

リングには布やテープを巻き,
栓やコックはひも（耐薬性の
ほうがよい）で結ぶ.

ひも

布を巻く

ひも

ゴム管を3ヵ所に
巻いてもよい.

分液漏斗

水

円筒ろ紙

固体試料

回転子

加熱浴

マグネティック
スターラー

ソックスレー抽出器

11 抽出 の基礎知識

空欄を埋めてみよう

11

抽出とは，混合物の中から，溶媒への溶解性の違いを利用して目的物質を取り出す操作である．分液漏斗を使う液−液抽出が一般的であるが，必要に応じて，固−液抽出や連続抽出をすることもある．

▶ **分液漏斗**

2種類の混ざり合わない液体間で抽出する際に用いる．頻繁に行うとともに，注意点も多いことから，慣れない初心者は失敗することが多い．2液間で抽出するので，互いの【①　　　　】を増やすために，【②　　】振ることが必要になる．抽出溶媒の全量が同じでも，大量の溶媒で1度抽出するよりは，少量の溶媒で複数回抽出する方が，抽出【③　　　】は高い.

▶ **連続抽出**

取り出したい物質の溶解性が低く，分液漏斗では十分に抽出できない場合に用いる．抽出溶媒を連続的に循環させることにより，大量の溶媒で複数回抽出したのと同様の効果が得られる．液−液抽出に用いる連抽管や固−液抽出に用いる【④　　　　　】などの器具がある．最近は連抽管が入手しづらくなっている.

答え ① 接触面積 ② 強く ③ 効率 ④ ソックスレー

失敗例95 **玉栓が飛んだ！**

春香は抽出をしたかったが，分液漏斗が見当たらない．探していると，流しに使い終わった分液漏斗があった．急いで洗ってアセトンで置換して乾燥器に入れて乾かした．水層を入れて抽出溶媒であるジエチルエーテルを加え，玉栓をして振ろうとするとポンッと玉栓が飛んだ……

⬆

!原因 **熱い分液漏斗にジエチルエーテルを入れた．**

分液漏斗は皆がよく使うので，すべて出払っていて使えないことがある．春香もそうだった．使い終わって流しに放ってあった分液漏斗を洗ったところまではよい．しかし，**乾燥器内で熱せられた分液漏斗に沸点35℃のエーテルを加えたので，気化して加圧になったのである．**そもそも，水で濡らす分液漏斗を乾燥する意味はない．

失敗例96 **分液漏斗が裂けた！**

夏樹は，反応溶液からカルボン酸を，炭酸ナトリウム水溶液で抽出していた．混合した後，分液漏斗をひっくり返すと，玉栓を押さえる手に圧を感じた．それに負けないよう押さえていると，分液漏斗の側面が裂けて内容物が噴き出し，傍にいた先生にかかってしまった……

⬆

!原因 **混合してすぐに玉栓をした．**

抽出溶媒は有機溶媒とは限らず，水溶液を使用することもある．**分液漏斗を振る際に最も気をつけなければならないのは，内部を加圧にしないことである．**溶媒を混合すると混和熱，中和すると中和熱が発生して，その熱で溶媒が気化しやすい．さらにこの場合は炭酸ガスが発生する．それを押さえ込んでいたので，ガラスが圧力に耐えかねて，裂けるように割れても不思議ではない．

失敗例97 コックを開けたら中身が飛び出した！

秋人は，分液漏斗に抽出溶媒を入れ，玉栓をして逆さに向けた．1，2回振ってコックを開けると，プシュッという大きな音がして，分液漏斗の内容物がいくらか飛び出した．向かった先には先輩が立っていた．幸いそこまでは届かなかったものの，秋人は冷や汗をかいた……

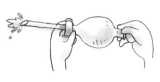

!原因 圧抜きの前に分液漏斗を振ってしまった．

分液漏斗に抽出溶媒を加えた直後が最も内圧がかかりやすい．だから，逆さに向けたらすぐにコックを開けて圧抜きをしなければならない．**1回振ってはもう一度圧抜きをするという作業を繰り返し，音がしなくなったら，振る回数を増やしていく．**1，2回は大丈夫だろうという気持ちで振ると，思った以上に内圧がかかっているために，内容物が飛び出すことがある．

11

失敗例98 スタンドが倒れた！

春香は，抽出の準備をしていた．分液漏斗を静置するためのリングや，それを支えるスタンドも用意したので，抽出作業を始めた．特に問題もなく分液漏斗を振り終えたので，分液漏斗をリングに載せると，スタンドと一緒に倒れてしまい，内容物がこぼれ出た……

!原因 スタンドが軽くて重さに耐えられなかった．

実験台には，クランプやリングを固定する桟が必ずしも設置されているわけではない．そのようなときに役立つのがスタンドである．持ち運びが可能で，実験装置のセッティングを好きな場所でできる．しかし，春香は軽いスタンドを選んだので，溶液の入った分液漏斗がリングに載ると，その重みに耐えかねて倒れてしまった．**しっかりした重いスタンドを用いるべきであった．**

失敗例99 　溶媒が落ちてこない！

夏樹は，分液漏斗を振り終わり，静置していた．
2層に分離したので，下のコックを開いて中の溶
液を出そうとしたが落ちてこない．「あっ」と気
づいて上の玉栓を抜いたところ，分液漏斗中の2
層がすべて落ち，実験台に広がった．夏樹は実験
を最初からやり直すことになった……

！原因　上の玉栓を抜いていなかった．

分液漏斗を振り終わったら，内部が加圧になるのを防ぐために，
上の玉栓を抜いておく．玉栓の側面には溝が切ってあるので，そ
れを空気穴に合わせてもよい．夏樹は，そのいずれもやっていな
かったため，**下のコックを開けても，空気が分液漏斗に入らず，
溶媒が落ちなかったのである**．このような事故を防ぐために，受
器を常に置いておくことも大切である．

11

失敗例100 　下のコックから液が漏れてきた！

冬美は，分液漏斗を振った後，リングに載せて
静置した．よく見ると，下のコックの端に水滴
が付いていた．それが徐々に大きくなり，今に
も落ちそうである．冬美は「わっ，漏れてる！」
と言いながら，実験室を走り，ビーカーを持っ
てきて，水滴をキャッチした……

！原因　スリに糸くずが挟まっていた．

スリ合わせの器具は，ピッタリと密着してこそ機能を果たす．分
液漏斗も同じで，**コックのところに物が挟まっていると液漏れす
る**．分液漏斗の場合，スリ合わせの玉栓やコックがバラバラにな
らないようにタコ糸などで括り付けていることが多いが，糸の末
端のほつれた部分が挟まりやすい．また，スリそのものにゴミが
付いていた可能性もある．

失敗例101　2層に分離しない！

利春は，水に溶けた反応混合物から目的物を抽出し
たいが，どの溶媒で抽出すればよいのかがわからな
かった．先生に尋ねると，「目的物を溶かす溶媒」
とのことだったので，エタノールを用いて分液漏斗
を振った．しかし，静置してからどれだけ待っても
2層に分離しなかった……

！原因　エタノールを抽出溶媒に用いた.

「水と油」という言葉がある．決して混ざり合わず，仲が悪いこ
とを意味する．分液漏斗を用いた抽出は，まさにこの性質を利用
したものであり，混ざり合わない溶媒を入れた分液漏斗を激しく
振ることによって界面を増やして目的物を抽出する．エタノール
は水と混和する溶媒である．**目的物を溶解させても，水と分離し
なければ意味はない**．

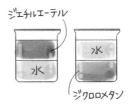

失敗例102　抽出した有機層を捨ててしまった！

春香は，ジクロロメタンを用いて抽出をしてい
た．分離しにくいと思いつつも3回振り終えた．
下の層は流しに捨て，上の層を乾燥するために
硫酸マグネシウムをいくら加えても粉が舞い上
がらない．ようやく有機層を捨てたことに気づ
いた……

！原因　ジクロロメタンを溶媒に用いていた.

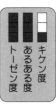

油は水に浮くと思っている人は多い．しかし，それは，水より軽
い油（有機溶媒）が多いだけのことである．**ジクロロメタンの比
重は1.3を超え，水より重い．したがって，分液漏斗を振った際，
下の層が有機層になる**．春香は下が水層と思い込んで，大事な有
機層を捨ててしまったのである．実験排水の規制は厳しく，先生
にこっぴどく怒られたことは言うまでもない．

11

失敗例103　洗っていると分液漏斗が割れた！

夏樹は，使い終わった分液漏斗を流しで洗っていた．少し水を入れて調子よく振りながら振っていると，玉栓がコツンコツンと当たる音がしたものの，構わずに振り洗いしていた．そのとき，ボコッという音とともに分液漏斗が割れた……

ヨーヨーじゃないんだから

！原因　括り付けているタコ糸が長すぎた．

分液漏斗は玉栓とコックがセットなので，バラバラになっては困る．そうならないよう，タコ糸などで括り付けておく．しかし，**糸が長すぎたため，ケン玉のように玉栓が宙を舞い，分液漏斗の本体にぶつかって割ってしまったのである．** たかがタコ糸の長さと思うことなかれ．

トーゼン度
あるある度
キケン度

11

● チェックしよう！

- □ スリの部分にゴミは付いていないか？
- □ 溶媒を入れたときに液漏れしていないか？
- □ 受器を用意しているか？
- □ 分液漏斗は安定に設置されているか？
- □ 適切な抽出溶媒を選んでいるか？
- □ ２液を混合したときにガスは発生していないか？
- □ 分液漏斗をひっくり返したときに，しっかりと圧抜きをしているか？
- □ 圧抜きをするときに，前に人はいないか？
- □ どちらが必要な層かを確認したか？　不要な層は適切に廃棄しているか？

◆ こんな場合どうする？

対応例は p.130

Case 55　反応混合物を酸で洗浄したい．分液漏斗にある反応混合物の酢酸エチル溶液に塩酸を加えると，色が変わり泡も生じた．このまま振ってよいだろうか．

Case 56　固体の混合物から有機溶媒で抽出するように指示を受けた．そのままでは分液漏斗を振ることができないので，水を入れるか迷っている．

Case 57　連続抽出は放っておくだけで楽だが，どのタイミングでやめてよいのか．

失敗例 21 も参照

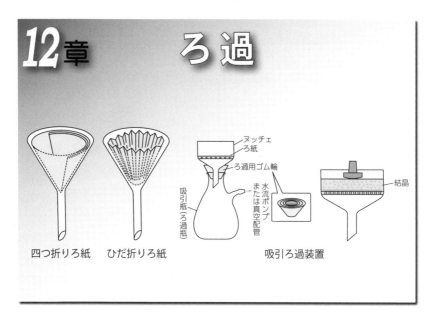

12章 ろ過

四つ折りろ紙　　ひだ折りろ紙　　　　　吸引ろ過装置

（図中ラベル）ヌッチェ／ろ紙／ろ過用ゴム輪／水流ポンプまたは真空配管／吸引瓶（ろ過瓶）／結晶

12 ろ過 の基礎知識

空欄を埋めてみよう

　液体の中にある固体は，ろ過をして分離する．一般に，液体が必要な場合に【①　　　　　　　　】を用いた「自然ろ過」を行い，固体が必要な場合には「吸引ろ過」を行う．固体の粒子径に応じて適当なろ紙を選ぶ．微粒子が目詰まりを起こし，ろ過速度が極めて遅い場合にはセライトを用いるとよい．

▶自然ろ過

　四つ折り（分析折り）ろ紙は，使用するろ紙の面積が少なく，ろ過の速度も遅い．一般には【①　　　　　　　】を用いる．液は漏斗と接触していない部分を通してろ過される．ひだは，ろ紙が形崩れして漏斗に密着することを防ぐ．

▶吸引ろ過

　ろ紙を敷いた【②　　　　】（ブフナー漏斗）をろ過用のゴム輪に差し込み，吸引瓶に取り付ける．吸引瓶の側面にある枝からダイアフラムポンプなどで吸引しながらろ過する．ポンプを停止するときは，ポンプと吸引瓶をつないでいる【③　　　　】を抜いてから行う．固体の量が少量なら桐山漏斗を使うと便利である．また，スリの付いた漏斗と吸引瓶を用いればゴム輪を使わなくてもよい．

答え　① ひだ折りろ紙，② ヌッチェ，③ 吸引ゴム管

失敗例104 いつまで経ってもろ過が終わらなかった！

冬美は，分液漏斗で分離した有機層をろ過していた．硫酸マグネシウムなどで乾燥すべきであったが，急いでいたので省略した．ろ過を始めた直後は調子よく落ちていたのであるが，途中から速度が遅くなり，ついに止まってしまった．その後は待てども再開しなかった……

!原因 乾燥していない有機層をろ過した.

分液漏斗できっちり分離したとしても，水層が混じることもあるし，有機溶媒中に水が含まれることもある．そのような状態のものを乾燥せずにろ過すれば，ろ紙が水で濡れる可能性がある．**分液漏斗に用いている有機溶媒は水と混じり合わないので，水で濡れたろ紙を通過できない．**急いでいるから操作を省略したことで，結果的に，余計に時間がかかってしまった．

失敗例105 結晶を見つけたが雲散霧消した！

利春がジエチルエーテルで抽出した有機層をろ過していると，ひだ折りろ紙の端に結晶があるのが見えた．「何か新しい生成物ができたのかも」と思い，取ろうとすると消えてしまう．再び見られたので再度挑戦したが，やはり取ることができなかった……

!原因 エーテルを溶媒に用いていた.

ジエチルエーテルは揮発性が高く，蒸発も速い．表面積が大きいろ紙に染み込んでいるとなおさらである．**蒸発するときは気化熱が奪われ，ろ紙は冷たくなる．**その結果，空気中の湿気が凝結して，ろ紙上で氷の結晶が生じる．氷なので，取ろうとしている間に融けてしまい，文字通り雲散霧消してしまう．きれいな結晶があると取りたくなる気持ちは理解できるが．

失敗例106　吸引ろ過したらろ液にも固体が現れた！

春香は，吸引ろ過のセッティングをして，ろ過を始めた．勢いよく落ちたろ液が入ったフラスコを見ると，何やら濁っている．しばらく続けていると，ろ液にも沈殿が生じていた．春香はそのろ液を，再度ろ過しなければならなかった……

！原因　ろ紙の端をしっかりと密着させていなかった．

吸引ろ過をする際は，ろ紙を溶媒で濡らして，スパテラなどでヌッチェと隙間が生じないように押さえる必要がある．**その作業をしなければ固体が漏れ落ちて，ろ液に混ざる**．きっちり隙間をなくしたのに固体がろ液に観察される場合は，ろ紙のメッシュが大きくて，微細な粒子をろ取することができなかった可能性がある．目の細かいろ紙や他の方法を試してみるべきである．

失敗例107　吸引ろ過しているのに落ちてこない！

夏樹は，吸引ろ過をしていた．固体が底に溜まっているフラスコを慎重に傾けてヌッチェに流し込んだ．しかし，徐々に液の落ちる速度が遅くなり，止まってしまった．その後は吸引を続けているにもかかわらず，ヌッチェに溜まった液の量が減ることはなかった……

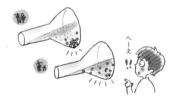

！原因　慎重になり過ぎた．

夏樹がろ過していた試料は，固体が底に沈んでいた．それを慎重に移したので，**先に細かい粒子が流し込まれ，ろ紙が目詰まりしてしまったのである**．このような試料をろ過する際は，少し掻き混ぜ，細かい粒子も大きな粒子も一緒に勢いよく流し込むほうがよい．そうすると，大きな粒子が適度にろ紙の表面を覆い，目詰まりを防いでくれる．ときには大胆さも必要である．

失敗例108 吸引ろ過のろ液が噴き出した！

春香は，ジエチルエーテルで再結晶し，溶液内に
結晶が析出したので，吸引ろ過で取ることにした．
ろ過をしていると，突然，ろ過鐘内に置いた三角
フラスコからボコッという音とともにろ液が噴き
出し，ろ過鐘全体が白く粉まみれになってしまっ
た……

原因 吸引ろ過したエーテル溶液が沸騰した．

ジエチルエーテルは揮発性が高く，沸点も低い溶媒である．吸引
ろ過では，ろ紙を通じてたくさん空気が入ってくるが，**ろ過鐘の
中は減圧状態である（だから吸引ろ過ができる）**ため，**エーテル
が沸騰する**．三角フラスコのように口が小さいと，突沸する可能
性も高い．ろ液（母液）には結晶として析出していない成分がま
だ溶けて含まれているので，ろ過鐘の壁全体に結晶が付着した．

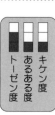

● チェックしよう！

□ 液体と固体のどちらが必要か？

□ ひだ折りろ紙のひだの本数は多いか？

□ 有機溶媒は乾燥されているか？

□ 固体が沈んでいる場合，しっかりかき混ぜてろ過しているか？

□ 吸引ろ過の際，漏斗とろ紙との間に隙間はないか？

◆ こんな場合どうする？   対応例は p.130

Case 58 ひだ折りろ紙を使った自然ろ過を加速するために，吸引ろ過を組み
合わせればよいのではないかと思っている．

Case 59 水の中に析出した固体を吸引ろ過で取り出したい．しかし，有機溶
媒と違って，固体に含まれている水は容易に除けそうにない．

13章 乾燥

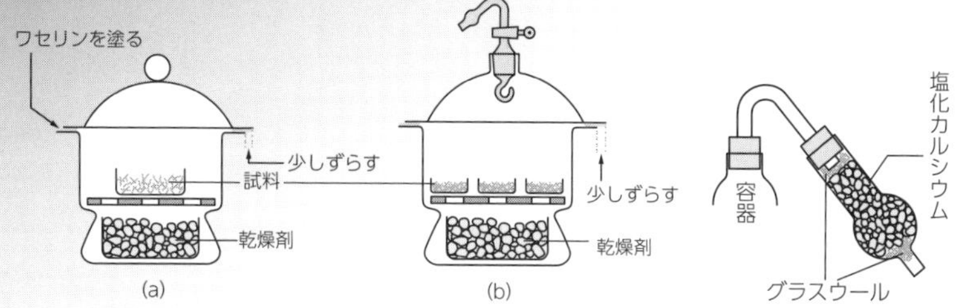

ワセリンを塗る

少しずらす
試料
乾燥剤
(a)

少しずらす
乾燥剤
(b)

デシケーター

塩化カルシウム
容器
グラスウール
塩化カルシウム管

13 乾燥 の基礎知識

空欄を埋めてみよう

　化学用語でいう乾燥とは，物質に付着・溶解・混合している水分（場合によっては有機溶媒）を除去することを意味する．少量の水であれば，真空ポンプを用いた減圧乾燥を行う．もう少し水の量が多い場合は，乾燥剤を用いる．気体を乾燥するには，乾燥剤の中を通す．

▶減圧乾燥

　【① 　　　　　　　】内に試料を置いて乾燥する．ナス型フラスコに試料を置いて，油浴で加熱しながら真空ポンプで減圧する方法もある．熱に弱い試料の場合は，一度冷却してから減圧乾燥する【② 　　　　　　　】（凍結乾燥）を用いる．

▶乾燥剤

溶媒を乾燥するときは，溶媒の性質に応じて，溶媒と【③ 　　　】しない乾燥剤を選ぶ．金属ナトリウムや水素化アルミニウムリチウムなどの【④ 　　　　】を乾燥剤に使うときは，後処理の際に火を出しやすいので注意する．硫酸マグネシウムやモレキュラーシーブスを用いるのが一般的である．気体の乾燥は，塩化カルシウムや青色シリカゲルを詰めた管に通すか，濃硫酸に通す．

答え　① デシケーター　② フリーズドライ　③ 反応　④ 禁水性物質

85

失敗例109　試料が舞い上がった！

冬美は，合成した化合物を乾燥したくて，先輩にデシケーターの使い方を教えてもらった．粉末の試料をシャーレに広げて，デシケーター内に置いた．耐圧ゴム管をつないで，真空ポンプの電源を入れたとたん，粉末が一気に舞い上がり，一部はポンプの方に吸い込まれた……

！原因　減圧の調整をしなかった．

急激に減圧すると，粉末試料が舞い上がったり液体試料が突沸して飛び散ったりすることがある．耐圧ゴム管をピンチコックで締め，徐々に開いて減圧する．**舞い上がりそうな粉末試料の場合，容器の上を薬包紙で覆い，小さな穴を開けておくとよい．**常圧に戻す際も，急激に空気を入れると舞い上がることがあるので，ろ紙を当てるなどして空気の流入量を減らし，徐々に戻す．

失敗例110　デシケーターの減圧度が上がらない！

千秋は，デシケーターに試料を入れ，真空ポンプの電源を入れて減圧を始めた．最初はデシケーター内の空気を吸うので，ポンプがポコポコという音を立てながら白い煙を吐き出すが，いつまで経っても収まる気配がない．10分待っても変化がないので，あきらめた……

！原因　髪の毛が挟まっていた．

デシケーターは通常のガラス器具に比べ，スリの部分が大きい．そのため，**ゴミがつきやすく，小さな隙間から空気が流入して，減圧度が上がらなくなる．**また，異物を挟んだ状態で使用するとスリの部分に傷をつける恐れもあるので，ふだんから汚さないよう気をつける．真空ポンプの負荷を軽減するために，予めダイアフラムポンプで減圧してからつなぎ直すとよい．

フラスコが破裂した！

春香がエバポレーターで濃縮したところ，溶媒が十分に留去されていないように見えた．そこで，ナス型フラスコに栓をして，デシケーターに入れて減圧した．しばらくすると，デシケーターの中からボコっと音がした．見ると，フラスコが破裂して試料が飛び散っていた……

！原因　栓をしたフラスコを減圧乾燥した．

常識的に考えてフラスコに栓をして減圧乾燥することはあり得ないが，春香は中のオイルがこぼれ出ないようにと考えたのだろう．私たちがふだん，大気圧を感じないのは，体の外からだけでなく，中からも同じ力で押しているからである．この場合，**閉じられたフラスコ内部は大気圧のまま，外部を減圧したので，丈夫なガラスであっても耐えられなかった．**

デシケーターの中が油まみれになった！

秋人は一人，実験室で作業をしていた．真空ポンプの音すらせず，静かな実験室である．と思った瞬間，秋人はあわててデシケーターのところに行った．動いていたはずのポンプが止まり，デシケーターの中は油まみれになっていた……

！原因　逆流防止トラップを付けていなかった．

雷などの原因で瞬間停電が起こり，ポンプが止まることがある．また，長時間使用していると熱くなり，安全装置が働いて止まることもある．**油回転真空ポンプには油が入っているので，止まるとデシケーターの減圧に引っ張られて油が逆流する．**途中にトラップを挟んでおけば，油がデシケーターまで達することはなかった．油の掃除は面倒なので，それくらいの手間は惜しくはない．

失敗例113 デシケーターの蓋が飛んでいって割れた！

夏樹は，減圧乾燥を終えたので，デシケーターの蓋をスライドさせて開けようとしていた．しかし，蓋がくっついていて，力を入れてもびくともしない．本体に腕を巻き，思い切り力をかけると蓋が動いたが，そのまま手から離れて飛んで行き，床に落ちて粉々に割れた……

原因 実験台の上で開けようとしていた．

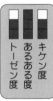

デシケーターの蓋はスリになっているので，スライドさせて開ける．空気が入らないように，また，スムーズに動かせるように**スリの部分にワセリンやグリースを塗るが，古くなると固まってしまうことがある**．特に長期間放置したデシケーターでよく起こる．そんなときはデシケーターを床に置き，体重をかけながらゆっくり開ける．そうすれば実験台から落ちて割れることはない．

失敗例114 青色シリカゲルが雨のように降ってきた！

利春は，反応系に空気中の湿気が入らないように，塩カル管に青色シリカゲルを詰めて玉入り冷却管の上に取り付けた．還流加熱を始めてしばらくすると，雨音かと思うような音が聞こえた．実験台を見ると，先ほど詰めたばかりのシリカゲルが実験台の上で跳ねていた……

原因 綿を強く詰めすぎた．

塩カル管に塩化カルシウムや青色シリカゲルなどの乾燥剤を入れるが，入口と出口に綿などを詰めて落ちないようにする．利春は少し不安になったのか，その綿を強く詰めすぎたようである．**還流加熱を始めると溶媒が気化するために，反応容器内が加圧になり，それに耐えかねて綿が外れたのである**．なにごともよい加減が大切である．

失敗例115 ドラフト内に硫酸が飛び散った！

秋人は，ドラフトチャンバーの中で，酸性ガスを発生させていた．反応系に導く前に乾燥する必要があったので，空き瓶とゴム栓とガラス管で洗気瓶を作成した．乾燥剤に硫酸を用いて，ガスを通過させていると，ゴム栓が突然外れ，ドラフト内に硫酸が飛び散った……

⬆

！原因 洗気瓶が加圧になっていた．

酸性ガスを乾燥するのに酸性の乾燥剤を用いることに問題はない．この場合は，**硫酸を入れすぎたのか，あるいはガス誘導管が折れていたなどの理由で洗気瓶の中が加圧になり，発生する気体の圧力に耐えられなくなったのであろう**．ドラフトチャンバーの前面フードを閉めていたので，ことなきを得たが，開けていたら悲惨な事故が起こっていた．

● **チェックしよう！**

デシケーター

☐ スリの部分にゴミが付いていないか？

☐ 減圧したときに漏れはないか？

☐ ゆっくり減圧し，ゆっくり常圧に戻しているか？

☐ 真空ポンプは正常に動いているか？

乾燥剤

☐ 適切な乾燥剤を選んでいるか？

☐ 塩カル管に綿を詰めすぎていないか？

☐ 気体が発生するときは加圧になっていないか？

◆ **こんな場合どうする？**

対応例は p.130

Case 60 硫酸マグネシウムで乾燥する際に，どの程度入れればよいのかと先生に尋ねても「粉が舞い上がる程度」と指示されるのみである．

Case 61 デシケーターの底に青色シリカゲルを入れているが，すぐにピンク色に変色している．減圧乾燥すると青色に復活するのだけれども．

失敗例 53 も参照

14章 蒸留・濃縮

14.1 蒸 留
14.2 濃 縮

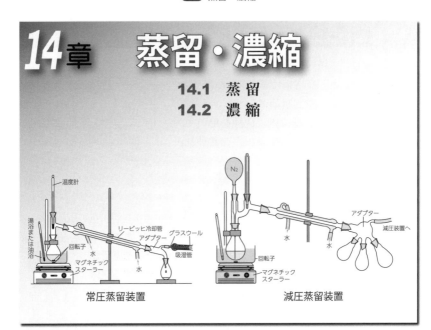

温度計
湯浴または油浴
回転子
マグネチック
スターラー
リービッヒ冷却管
アダプター
グラスウール
水
水
吸湿管

常圧蒸留装置

N₂
アダプター
減圧装置へ
水
水
回転子
マグネチック
スターラー

減圧蒸留装置

14.1 蒸留 の基礎知識   空欄を埋めてみよう

　目的物を留出物として分離する実験操作を蒸留という．沸点が低い化合物の場合は，常圧蒸留で分離し，沸点が150 ℃を超えるものや，低沸点でも熱分解しやすい物質の場合は減圧蒸留を用いる．また，水と混ざらない揮発性の有機化合物を夾雑物の中から取り出すには【①　　　　　】が便利である．

▶常圧蒸留
試料を構成する物質の沸点や分解点などを調べておく．【②　　　　】を2〜3個入れて油浴やマントルヒーターで加熱する．冷却管で凝縮された液が留出し始めても低沸点の不純物が混入している可能性があるので，初留として取り，蒸気の温度が一定になった後に本留を取る．温度が下がり始めたら後留に切り替える．

▶減圧蒸留
沸点換算図表を用いて，【③　　　　】と蒸留する物質の沸点を予め予測しておく．減圧下では【②　　　　】が役割を果たさないので，窒素ガスを取り付けた2段引き【④　　　　　】を取り付けて先端から泡を出すか，回転子を入れてマグネティックスターラーで撹拌しながら蒸留する．

答え：① 水蒸気蒸留　② 沸騰石　③ 減圧度　④ キャピラリー

失敗例116　いきなり沸騰した!

春香は，常圧蒸留で試薬の精製をしていた．油浴の温度を試薬の沸点以上になるまで加熱したにもかかわらず，フラスコの液面は静かなままだった．ふと，沸騰石を入れるのを忘れていることに気づき，入れたとたん，突沸して試薬が蒸留装置から噴き出した……

!原因　沸騰石を入れ忘れた.

常圧蒸留では沸騰石が必要である．春香は入れ忘れたために，沸点以上に加熱しても，なかなか沸騰しなかった．しかし，十分な熱エネルギーを与えているので，沸騰石を入れると同時に一気に沸騰して噴き出したのである．もし，**沸騰石を入れ忘れたら，いったん沸点以下になるまで温度を下げた後に沸騰石を入れ，再度加熱するようにしなければならない．**

失敗例117　減圧度を上げたら突沸した!

夏樹は減圧蒸留を始めた．目標とする減圧度と加熱温度は予測済みである．まずは目標温度まで油浴の温度を上げた後，真空ポンプの電源を入れてマノメーターを見ながら，ピンチコックで減圧していった．そのとき，突沸が起こり，かなりの量の試薬が受器に流れていった……

!原因　操作の順番を間違えた.

加熱してから減圧度を上げたので，ある瞬間に大量の試薬が沸騰を始めて突沸したのである．**減圧蒸留では，加熱する前に真空ポンプで減圧して目標とする減圧度まで到達した後，加熱するという順番で行わなければならない．**減圧度と沸点の値は文献記載のものであれば信頼度は高いが，自分で予測した場合は，おおよその目安程度に考えておいたほうがよい．

14

失敗例118　減圧蒸留なのに加圧になっていた！

秋人は減圧蒸留を始めた．溶媒が多めに混入していたようで，減圧を始めると同時に泡が出て，溶媒が留去されている様子がうかがえた．それも収まったので，油浴の温度を上げていくと，突然，挿している温度計がロケットのように飛び出して，実験台の上に落ちて割れた……

！原因　蒸留装置内に溶媒がたくさん残っていた．

真空ポンプを傷めないために，蒸留装置との間には冷却トラップを挟む．この場合，**最初に溶媒をたくさん留去したために，トラップ内で凍った溶媒が管を塞いでしまった**．その結果，減圧度を上げているつもりが蒸留装置内には影響が及ばず，加熱することによって溶媒の蒸気が生じて，加圧になっていたと思われる．溶媒が混じっている場合は十分に除いてから蒸留すべきである．

トーゼン度／あるある度／キケン度

失敗例119　目の前のきれいな留分を取れなかった！

冬美は，減圧蒸留で初留を取った後，本留を取るために二又のアダプタを切り替えた．しばらくすると，より高い温度で留出し始めた．どうやらこれが本当の本留のようであるが，アダプタに付いているフラスコは余っておらず，そのまま留出するのを見守るしかなかった……

！原因　初留にフラスコを2つ使ってしまった．

減圧蒸留の場合，常圧蒸留とは異なり受器を自由に換えることができないので，二又あるいは三又のアダプタにナス型フラスコを取り付けておく．この場合，冬美は二又のアダプタを選択した．そして，**本留と思った留分がまだ初留の一部であったために，実際に本留が出てきた際に取るべきフラスコが余っていなかった**．三又のアダプタを用いていればと後悔しても後の祭りだ．

トーゼン度／あるある度／キケン度

失敗例120　水蒸気蒸留をしていると熱湯が噴き出した！

利春は，水蒸気蒸留に初めてチャレンジする．先生から原理を教わった後，蒸留装置を組み立てていたが，蒸気発生釜に挿さっている長いガラス管が邪魔なので短く切った．そして，水蒸気を発生させるために釜を加熱すると，ガラス管の先端から熱湯が噴き出した……

⬆

！原因　ガラス管は水蒸気量を測るセンサーだった．

水蒸気蒸留は，釜から発生した水蒸気を，試料の入った蒸留フラスコに吹き込み加熱することにより行う．長いガラス管は水蒸気の発生量をモニターするためのセンサーであり，**お湯のラインが上がりすぎると水蒸気の圧力が高いことを示すので，加熱を緩める**．何がどのような役割を果たしているかを把握しておくことは重要であり，わからなければ確認すべきである．

キケン度
あるある度
トーゼン度

● チェックしよう！

常圧蒸留

☐ 沸騰石を入れているか？
☐ 発生した蒸気の温度は安定しているか？

減圧蒸留

☐ 目標とする減圧度と加熱温度を予測したか？
☐ トラップと真空計は接続されているか？
☐ 減圧してから加熱をしているか？
☐ トラップの中は詰まっていないか？

14

◆ こんな場合どうする？　　　　　　　　　　　対応例は p.130

Case 62　常圧蒸留で加熱を始めると，蒸留釜の中は沸騰している様子が見られた．しかし，温度計がまったく変化しない．

Case 63　常圧蒸留で温度計まで蒸気が達した．それに反応して温度計の水銀も上がったが，受器には1滴も落ちてこなかった．

Case 64　融点が高く，室温で固体の試薬を精製したい．吸湿性も高いので減圧蒸留で行おうと考えているが，どのようにするべきだろうか．

失敗例 51，68，72，73，89，154 も参照

14.2 濃縮 の基礎知識

空欄を埋めてみよう

濃縮の原理は基本的に【①　　】と同じであり，留出したものが必要なのか，【②　　】が必要なのかの違いである．ロータリーエバポレーターを用いて，減圧濃縮するのが一般的であるが，必要に応じて，【①　　】装置を組んで溶媒を留去する方法を用いることもある．

▶ロータリーエバポレーター

回転軸にナス型フラスコを取り付け，回転させながら減圧濃縮する．実験室で最も頻繁に使用するので，共同利用する場合が多い．使用後は速やかに次の人に明け渡し，他の人の迷惑になるような行為も慎む．明け渡すときは，【③　　】に溜まった溶媒を廃棄し，【④　　】が汚れていれば，きれいにしておかなければならない．大量の溶液を濃縮する場合，フラスコに試料を入れる度に常圧に戻すのは面倒なので，【④　　】の中に通っているガラス管を通じて，連続的に試料溶液を注入しながら減圧濃縮する．

答え　① 蒸留　② 残留物　③ 受器　④ 回転軸

失敗例121 **濃縮した試料をフラスコから取り出せない！**

千秋は，抽出した有機層を濃縮しようとしていた．少し多めの溶媒を使ったために，小さいナス型フラスコを使うと何回も取り替えなければならない．そこで1回で済むように大きなフラスコを用いて濃縮したが，得られた固体は容器の壁に，薄く膜のようにへばりついていた……

↑

!原因 **最後まで大きなフラスコを用いた．**

少し多い量の溶媒を濃縮するとき，どの大きさのナス型フラスコを使うべきか悩むことがある．しかし，千秋のように**大きなフラスコを選択すると，濃縮は楽にできても試料をフラスコから取り出すのに苦労する**．何回かに分けて地道に濃縮するか，ある程度の量まで大きなフラスコで濃縮した後に，小さなフラスコに移して最終的な濃縮をするのかのどちらかにすべきであった．

キケン度
あるある度
トーゼン度

失敗例122 濃縮している途中に突沸した！

冬美が濃縮しようとしていた溶液は、2回に分ける
には量が少ないし、1回で済ますには少し量が多め
という中途半端な状態だった。やはり1回で終わる
ほうが楽だと思い、エバポレーターで濃縮を始めた。
すると、フラスコの中から溶媒の蒸気が出てきた直
後、突沸した……

！原因 溶液の量が多すぎた．

エバポレーターで最も効率よく濃縮できるのは、液面の面積が最
大になったときである。そのような状態にするには、**液量をフラ
スコ容量の6割程度に抑えなければならない**。冬美のように多く
入れると、液面が小さくなるだけでなく、たくさんの溶媒が沸騰
するので、突沸しやすくなる。突沸の後処理のことを考えれば、
2回に分けたほうが早く終えられたに違いない。

トーゼン度
あるある度
キケン度

失敗例123 少量の濃縮にもかかわらず長時間を要した！

冬美は、フラスコの半分にも満たない量の溶液
の濃縮を始めた。しかし、沸点がそれほど高い
溶媒でもないのに、いっこうに量が減らなかっ
た。しばらくすると、受器に溜まっている溶媒
がボコボコ音を立て始め、周りに水滴が付き始
めた。触ってみるとかなり冷たかった……

！原因 受器の溶媒を捨てていなかった．

エバポレーターで濃縮する際、気化した溶媒の蒸気は、蛇管で冷
やされて受器に集められる。**次の濃縮を始める前に、受器に溜
まった溶媒を棄てなければならない**が、それを怠った。ジエチル
エーテルのような低沸点の溶媒が溜まっていたので、周囲の空気
から気化熱を奪いながら先に蒸発し、フラスコ内の溶媒の蒸発が
妨げられるので、いつまでも濃縮されなかったのである。

トーゼン度
あるある度
キケン度

14

失敗例124 濃縮しただけなのに試料が汚れた！

秋人は，単離した化合物のNMRを測定したところ，ほぼ純粋な状態で得られていることを確認した．しかし，溶媒が少し残っていたので，エバポレーターで濃縮をした．再度チェックをすると，むしろ汚くなっており，見たことのないシグナルが新たに現れていた……

！原因　回転軸を洗っていなかった．

エバポレーターは複数の人が使用するものである．中には高沸点の溶媒を留去したり，突沸させたりする人もいるかもしれない．そのような場合は，回転軸に付着している可能性が高い．**他の人の後に濃縮する場合は，回転軸を抜いてアセトンなどで洗っておくほうが安心である**．逆に，自分が使い終わったときも，洗ってから明け渡すようにすれば，トラブルが少なくなる．

● チェックしよう！

□ 適切な大きさのフラスコを使っているか？
□ フラスコ内の液量は6割程度にとどめているか？
□ 受器の溶媒は捨てているか？
□ 回転軸は汚れていないか？
□ 真空ポンプは十分な減圧度を示しているか？
□ フラスコはジョイントで留めているか？
□ 減圧度を調整しながら濃縮しているか？

◆ こんな場合どうする？　対応例は p.130

Case 65　フラスコをセットし，真空ポンプにつながっているコックを開くと，突沸して受器まで達してしまった．

Case 66　エバポレーターを使用していると，キュッキュッという音がしていたが，回転を速めると音がしなくなったので，何もしなくてもよいかと思っている．

15章 再結晶

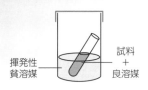

試料
＋
良溶媒

揮発性
貧溶媒

溶媒の組み合わせによる再結晶
（気相−液相拡散法）

15 再結晶 の基礎知識   空欄を埋めてみよう

　物質の溶解度や結晶生成速度の違いを利用して分離・精製する手法である．多成分系や，不純物を含む場合は，一緒に結晶化する可能性もあるので，予め抽出やクロマトグラフィーなどで粗精製しておくとよい．

▶ 溶解度の温度変化を利用した再結晶

　加熱下と室温で溶解度に大きな差がある物質に用いる．【① 　　　　】しながら溶媒を少しずつ加え，固体がすべて溶解した時点で徐々に放冷する．放冷の速度が遅いほど，純度が高く大きな結晶が得られる．溶解度に大きな差がない場合は，飽和溶液を静置し，徐々に溶媒を蒸発させ濃縮することで結晶を析出させる．

▶ 溶媒の組み合わせによる再結晶

　物質をよく溶かす【② 　　　】とあまり溶かさない【③ 　　　】を組み合わせて再結晶する．液相−液相拡散法は，【② 　　　】を用いた飽和溶液に少しずつ【③ 　　】を加えていき，曇り始めた頃に止め，少し加熱してから静置する．また，大きなサンプル瓶に【③ 　　】を入れ，その中に固体の【② 　　】溶液を入れた小さなサンプル瓶を入れて静置し，【③ 　　】の蒸気が拡散して溶解度を下げることにより，結晶を析出させる手法もある（気相−液相拡散法）．

答え ① 加熱（加温）② 良溶媒 ③ 貧溶媒

15

失敗例125 化合物の多くを捨ててしまった！

夏樹は再結晶をしていた．少し溶媒を入れすぎたので，取れた結晶の量は少なかった．しかし，きれいな結晶であったので満足して，それをサンプル瓶に入れた．器具を片づける段階になり，結晶をろ取した際に残ったろ液を廃液溜に棄てたところ，先生にかなり怒られた……

原因 母液の必要性を認識していなかった．

再結晶は高純度で精製できる点はよいが，回収率ではロスが多い．それは，**一次結晶を取った後の母液に，目的物質がまだ溶解している**からである．母液を放置しておくと，新たに結晶（二次結晶）が析出することもあるし，場合によっては，母液を濃縮して回収することもできる．不純物を含んでいるとはいえ，そこには目的物質が存在していることを認識しておくべきである．

キケン度
あるある度
トーゼン度

失敗例126 きれいな結晶が汚くなった！

秋人が再結晶をしていると，きれいな結晶が析出してきた．ただ，量がそれほど多くはない．そこで，もう少し放置しておくことにした．その結果，結晶の量は増えたものの，明らかに不純物とわかる褐色のオイルが表面にべっとりと付着してしまっていた……

原因 不純物との溶解度に大きな差がなかった．

きれいな結晶が析出したらもっとたくさん取りたいと思うだろう．しかし，この場合，不純物の溶解性もそれほど高くなく，結晶の析出から少し遅れてオイルとして現れた．他に選択肢がなければしかたがないが，溶媒が不適切であった可能性が高い．もし，**適切な溶媒がなければ，きれいな結晶が出たらすぐにろ取する操作を繰り返すか，予備精製を試すべきである．**

キケン度
あるある度
トーゼン度

15

失敗例127 結晶が消えた！

春香は，合成した化合物を再結晶していた．反応基質として何回も使う予定であったので，もう少し粘って結晶の量が増えるのを待つことにした．翌日，三角フラスコを覗くと，増えているどころか跡形もなく結晶が消えているのを見てがく然とした……

原因 溶媒が反応した．

析出した結晶が消えた原因はいくつか考えられるが，**この場合は溶媒が結晶と反応した**．結晶として析出する前に消費された分も相当量あるはずである．この溶媒が不適当なことは明らかだが，反応する溶媒を選ぶ人はいないので，結果を予測せずに選んだのだろう．結晶が溶解した溶液を解析すれば新しい反応を発見する可能性もあり，転んでもただでは起きない姿勢が大切だ．

● チェックしよう！

□ 事前に試料の溶解性を調べているか？
□ 適切な溶媒を選んでいるか？
□ 結晶と反応しない溶媒を用いているか？
□ 母液を保管しているか？
□ 一次結晶と二次結晶を別の容器に入れているか？

◆ こんな場合どうする？ 対応例は p.130

Case 67 X線構造解析用の単結晶を作りたい．毎日こまめにチェックしているが，なかなか得ることができない．

Case 68 良溶媒と貧溶媒を用いた再結晶を行いたいが，どのタイミングで貧溶媒の追加をやめてよいのか，判断が難しい．

Case 69 粉末状態で融点を測ると文献値と一致していたのに，再結晶で精製したものは文献値よりも高い融点を示した．

15

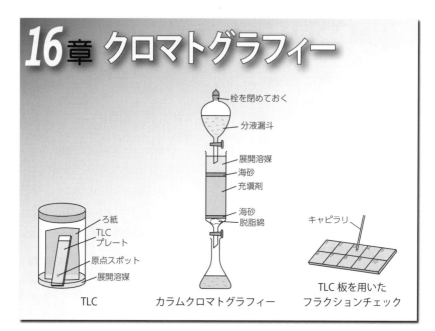

16章 クロマトグラフィー

- 栓を閉めておく
- 分液漏斗
- 展開溶媒
- 海砂
- 充填剤
- 海砂
- 脱脂綿

TLC
- ろ紙
- TLCプレート
- 原点スポット
- 展開溶媒

カラムクロマトグラフィー

- キャピラリ

TLC 板を用いた
フラクションチェック

16 クロマトグラフィー の基礎知識　　空欄を埋めてみよう

　物質によって【①　　　】のし易さは異なる．その違いを利用して分離するのがクロマトグラフィーで,【②　　　】(担体) と【③　　　】からなる. ガスや溶媒を【③　　　】に用いて展開すると,担体との間で【①　　　】を繰り返しながら進む. その速度の違いを利用して混合物を分離し,化合物を単離したり,いくつの成分が含まれているかを調べたりする.

▶カラムクロマトグラフィー

　細長いガラス管にシリカゲルやアルミナなどの担体を充填し,試料である混合物を通すことによって化合物を単離する. 担体を充填する段階,試料を吸着させる段階,展開する段階,受器を取り替える段階,分離した溶出液 (フラクション) を濃縮する段階などで失敗することも多く,かなりの慣れが必要である.

▶薄層クロマトグラフィー (TLC)

　ガラス板やプラスチック板に薄く塗られた担体上を展開させて,成分数の確認や反応の進行状況の確認などに用いる. 溶媒の選択などの方法はカラムクロマトグラフィーと同様である.

答え ①吸脱着 ②固定相 ③移動相

失敗例128　充填剤を均一に詰めたつもりが乱れた！

千秋はカラムに充填剤を詰めていた．均一に詰めるために横から叩いた．試料溶液を吸着させて，溶媒で展開すると，最初は水平だった着色した帯が，進むに従って斜めになり，出口に達する頃には前に進んでいる帯と並んでしまい，分離できない状態になってしまった……

！原因　カラムを横から叩いた．

カラムクロマトグラフィーが成功する鍵は，充填剤を均一に詰めることである．千秋は横から叩いたので，叩かれた側と反対側とで詰まり具合に差が生じたために，斜めに走ってしまった．**均等に力を加えることが必要であり，上から叩くのがよい．**もうひとつの鍵は，上部表面を水平に保つことである．表面がガタついていると，その形で降りてくるので分離が難しくなる．

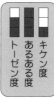

トーゼン度　あるある度　キケン度

失敗例129　充填剤の途中に隙間ができた！

冬美は，カラムクロマトグラフィーで，展開溶媒を替えて極性を上げる段階になり，ジクロロメタンを流した．その前に流していた溶媒に混ざったとき，いきなり泡が生じて充填剤が持ち上がった．その後もジクロロメタンが降りるに従って，充填剤のあちこちに隙間が生じていった……

！原因　低沸点の溶媒を用いた．

カラムクロマトグラフィーは同じ溶媒ではなく，徐々に溶媒の極性を上げて展開する場合もある．冬美は**より高い極性の溶媒としてジクロロメタンを選んだが，沸点は40℃と低い．**異なった溶媒が混ざると，混和熱が生じる．その熱により沸騰した蒸気は行き場がなく，充填剤であるシリカゲルを持ち上げて抜け道を作ろうとする．隙間だらけでは，きちんと分離できるはずがない．

トーゼン度　あるある度　キケン度

失敗例130 分離できる目的物が分離できなかった！

秋人は，カラムクロマトグラフィーの展開溶媒の極性を上げた．そのとたん，それまで動いていなかった褐色の輪が移動し始めた．先に進んでいた黄色い輪が出口に到達するのと，後から進んだ輪が追いつくのと競争になったが，目的生成物が出口に達する前に追いつかれた……

！原因 溶媒の極性を急に上げすぎた．

多成分からなる混合物を分離する際，溶媒の極性を徐々に上げていきながら分離することがある．**シリカゲルが充填剤の場合，極性が高い物質のほうが吸着されやすく，進む速度が遅い**．展開溶媒の極性を上げると，溶媒と相互作用する分シリカゲルへの吸着が断ち切られ，進み始める．今回も，思った以上に不純物の進む速度が速くなり，目的化合物に追いついてしまったのである．

失敗例131 シリンジの側面が裂けて中身が噴き出した！

夏樹は，反応を仕込もうと思ったが，手際が悪かったために，カラムクロマトグラフィーで精製した原料にシリカゲルが混じっていた．しかたがないので，シリカゲルを避けてマイクロシリンジで吸い上げ，出そうとしたとき，横にヒビが入り，中の液体がしぶきとなって噴き出した……

！原因 シリカゲルの混じった試料を吸い上げた．

マイクロシリンジの針は通常の注射針に比べてかなり細い．夏樹は目で見ながらシリカゲルの粒子を避けて吸い上げたが，**見えない大きさの，しかし針を詰まらせるには十分な大きさの粒子が吸い上げられたのである**．そこにプランジャーで圧力をかけたために，逃げ場を失った液体の原料がマイクロシリンジのガラスを割り，噴き出してきた．

16

失敗例132　乾燥器の中が粉まみれになった！

春香は，使用済みのカラムを長い間放置していた．中の充填剤を出そうと思っても表面が固まってしまっていて，なかなか出てこない．乾燥すればサラサラになって充填剤を出しやすくなると思い，乾燥器に入れた．しばらくして扉を開けると，真っ白な世界が広がっていた……

！原因　溶媒が内部に残っているのに乾燥器に入れた．

カラムクロマトグラフィーを終えた直後に充填剤を取り出すのは容易だが，放置すると固まってしまい，取り出すのに苦労する．乾燥器の中では，**カラムの中に残っていた溶媒が気化したものの，表面が殻のようになっていて抜けるところがない状態となった．その結果，内圧がかかりシリカゲルの粉を撒き散らす結果となった．**面倒だと思って片づけを怠るとますます面倒なことになる．

トーゼン度　あるある度　キケン度

失敗例133　フラクションの中にほこりが浮いていた！

夏樹はカラムクロマトグラフィーを終えたものの，時間も遅くなったので，週明けに処理をすることにした．月曜日の朝，実験室に来ると，苦労して分けた溶出液（フラクション）のいずれにもほこりが浮いていた．結局，フラクションを濃縮する度に，ろ過をしなければならなかった……

！原因　フラクションに覆いを被せるのを忘れていた．

実験室はほこりっぽい．部屋をしばらく使用していなかったときなどは，実験台を白いほこりが覆っていることもある．そのような中に2日間放置すれば，フラクションの中にほこりが混入しても不思議ではない．**フラクションの上に紙を置くなどのちょっとした手間で，大きな手間を省くことができる．**面倒くさがりな人ほど，手を抜かないようにすべきである．

トーゼン度　あるある度　キケン度

16

失敗例134 キャピラリが飛んできた!

夏樹は,カラムクロマトグラフィーで分離したフ
ラクションに含まれている内容物をTLC(薄層
クロマトグラフィー)でチェックしていた.キャ
ピラリでスポットを打つといういつもの作業なの
で退屈していた頃,キャピラリが飛んできて眼鏡
にコツっと当たった.「もし眼鏡をしていなかっ
たら」と思うと,背中に汗が流れた……

!原因 キャピラリでスポットを打つ際,力を入れすぎた.

ガラス管を細く引き延ばしたキャピラリは,手でも折ることがで
きる.夏樹はキャピラリでスポットを打つ際に力を入れすぎた
か,斜めの角度で打ってしまったのであろう.**ガラスは折れたり,
割れたりするものであるということ**を意識して扱わなければな
らない.どんなに慣れた実験でも危険は必ず潜んでいる.

キケン度
あるある度
トーゼン度

失敗例135 何回もTLCをする羽目になった!

利春はTLCを展開していた.その長くも短くも
ない待ち時間がもったいないように思えた.そこ
で,濃縮など簡単にできる作業を片手間に行うこ
とにした.しかし,気づいたときには展開溶媒が
最頂部に達していた.しかたがないので,もう一
度やり直したが同様の結果に終わった……

!原因 TLCを展開する時間が待ちきれなかった.

実験が上手か下手かの違いは,複数の作業を並行して進めること
ができるかどうかである.**溶媒がTLCを染み上がっていく時間
はじっと待っていると長く感じるが,他の作業をするには短い.**
利春も並行できると思って挑戦したが,溶媒の先端が最頂部に達
してしまった.何回もやり直すくらいなら,1回分だけじっと
待ったほうが,結果的に早く終わる.

キケン度
あるある度
トーゼン度

失敗例136　いつもより大きな Rf 値を示した！

冬美は TLC 用の展開溶媒を調製していた．10 mL
のメスシリンダーにヘキサンを 9 mL 入れた後，
酢酸エチルを 10 mL のラインになるまで入れて
9：1 の混合溶媒を調製した．その溶媒を用いて
TLC を展開してみると，これまでに比べて高い
位置にスポットが観察された……

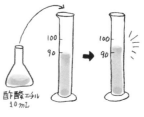

！原因　メスシリンダーで溶媒を混合した．

混和する溶媒を 1：1 で混ぜても，合計の体積は 2 にはならない．
お互いに溶け合うためである．冬美は 1 本のメスシリンダーで混
合すれば，手間を省くことができると考えた．その結果，**合計で
10 mL にしたときには，所定の量よりたくさんの酢酸エチルが
入っていた**．そのため，所定の濃度の溶媒よりも極性が高くなり，
展開して現れたスポットも大きな Rf 値を示したのである．

● チェックしよう！

カラムクロマトグラフィー

☐ 充填剤を詰めるときに空気に触れないようにしているか？

☐ 充填剤を均一に詰め，表面を水平に保っているか？

☐ 使用後のカラムをすぐに後片づけしているか？

TLC

☐ 中程度の Rf 値を示す溶媒を選んでいるか？

☐ 試料を付けすぎていないか？

☐ 原点スポットを溶媒に浸けていないか？

16

◆ こんな場合どうする？　対応例は p.130, 131

Case 70　シリカゲルの粉末を溶媒で溶いてカラムに入れたときに，“す”が
　　入りやすいが，どうにか改善できないものだろうか．

Case 71　たくさんのフラクションを TLC で展開してチェックするのは大変
　　である．もう少し楽な方法はないだろうか．

Case 72　目的生成物があると思われるフラクションを TLC で展開して，UV
　　光を当てたが，スポットがまったく観察されない．

失敗例 13, 62 も参照

*17*章　ボンベ

高圧ガスの種類	容器の塗色	ガスの名称を示す文字の色	ガスの性質とそれを示す文字の色
酸素ガス	黒　色	白　色	
水素ガス	赤　色	白　色	「燃」白色
液化炭酸ガス	緑　色	白　色	
液化アンモニアガス	白　色	赤　色	「燃」赤色,「毒」黒色
液化塩素ガス	黄　色	白　色	「毒」黒色
アセチレンガス	褐　色	白　色	「燃」白色
可燃性ガス	ねずみ色	赤　色	「燃」赤色
可燃性，毒性ガス	ねずみ色	赤　色	「燃」赤色,「毒」黒色
毒性ガス	ねずみ色	白　色	「毒」黒色
その他のガス	ねずみ色	白　色	

ボンベ（高圧ガス容器）の色

17 ボンベ の基礎知識　　空欄を埋めてみよう

　気体が圧縮された状態で充填された鋼製の容器．破裂すると深刻な事故を引き起こすので，運搬，保管，使用には十分な注意が必要である．特に【① 　　】防止などの地震対策は必須である．

▶ボンベの色
　ボンベは内容物によって色分けされている．【② 　　】(黒色)，【③ 　　】(赤色)，二酸化炭素（緑色），塩素（黄色），アンモニア（白色），アセチレン（褐色）で，その他のガスはねずみ色である．この色分けを間違えて接続すると重大な事故に直結する．注意しなければならない．

▶圧力調整器（レギュレーター）
　ボンベ内のガスはかなりの高圧なので，実験に使うには適度な圧力まで下げる必要がある．可燃性ガスのバルブは【④ 　　】であるので，ボンベに合った調整器が必要になる．ヘリウムボンベは可燃性ガスではないがバルブが【④ 　　】なので，注意が必要である．2段型の調整器の場合，1つ目と2つ目のバルブの回す方向が逆となり，操作には慣れが必要である．

答え ① 転倒 ② 酸素 ③ 水素 ④ 逆ねじ

失敗例137　圧力調整器のネジが使えなくなった！

ヘリウムボンベが空になり，夏樹が交換することに
なった．スパナでネジを回すが，堅くてびくともし
ない．思いきり体重をかけても動かなかった．通り
かかった先輩が「ヘリウム用の調整器は逆ネジだか
ら気をつけて」と声をかけたが，すでに遅し．調整
器は使い物にならなくなった……

！原因　逆ネジであることを知らなかった．

ヘリウム用の調整器は逆ネジであることを知らない人が意外と
多い．ある程度力を込めて動かなかったら，その可能性も考えて
もよさそうなものであるが，窒素やアルゴンと同じ色のボンベな
ので疑わなかったのであろう．しかし，**体重をかけるのは危険で
ある．調整器が歪んだりすると，隙間からガスが漏れてくるかも
しれない**し，場合によっては重大な事故を伴う．

失敗例138　ボンベが1日で空になった！

春香は，窒素ガスのボンベを前に，流量調節をし
ていた．窒素ラインに取り付けてあるバブラーを
見て流量を確認したが，なかなか泡が出てくれな
い．バルブの捻り具合も徐々に大きくなった頃に
ようやく，ぶくぶくと泡が見られた．そのまま使
用すると，翌朝ボンベが空になっていた……

！原因　逃げのバブラーを見ていた．

ガスがボンベからどの程度出ているのかを見ることができない
ので，流動パラフィンなどを入れたバブラーで可視化する．ボン
ベを反応装置に直接つなぐと，トラブル時に危険なので，**圧力が
かかりすぎたときに加圧になったガスを逃すバブラーも取り付
ける**．春香はそれを見ながら流量を調整したので，すごい勢いで
ガスを流し続けていたのである．

失敗例139 アルゴン雰囲気なのに試薬が発火した！

春香がアルゴン雰囲気下で試薬を扱っていたら
フラスコの中で発火した．少し前に，夏樹がボ
ンベ交換をしに外に出て行った．それを思い出
した先生が，外のボンベ置き場に行くと，そこ
にはアルゴンボンベではなく酸素ボンベが接続
されていた……

!原因 ボンベの色を間違えた．

空気に触れさせてはいけない試薬は，アルゴン雰囲気下で扱う．
そのような試薬を酸素雰囲気下で扱うのが危険なことは容易に
想像できる．この研究室のように，**アルゴンラインを全員で共用
している場合，一人のミスで全員に大きな迷惑をかける**．ねずみ
色と黒色をどうやったら間違うのか不思議だが，大きな事故を引
き起こす可能性もあるので，笑って済まされるミスではない．

● チェックしよう！

□ ボンベはしっかりと固定されているか？
□ ボンベを安全に運搬しているか？
□ 使用するボンベは正しいか？
□ 圧力調整器は，適切なものが正しく取り付けられているか？
□ ボンベを完全に空にする前に取り替えているか？

◆ こんな場合どうする？   対応例は p.131

Case 73 先輩がボンベを運搬していた．ボンベの頭を持って，足で蹴りなが
ら転がしているのを見ると，かっこいいと思う．

Case 74 ボンベ内のガスの残量が残り少ないが，もったいないのですべて使
い切ってから新品と交換しようかと思っている．

17

18章 試薬

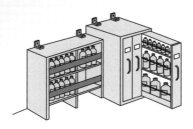

18.1 酸・アルカリ の基礎知識 　空欄を埋めてみよう

　研究分野に関係なく，最もよく用いられる試薬である．反応性が高い分，危険性も高い．したがって，使用の際には十分な注意が必要である．

▶酸
塩酸，硝酸，硫酸などが主に用いられるが，いずれも刺激性があるので，皮膚についたら即座に【①　　　】しなければならない．特に【②　　　】力の強い硝酸や【③　　　】性の硫酸がついたまま放置しておくと，重症のやけどを引き起こすので注意が必要である．また，濃度が高いまま廃棄してはいけない．アルカリで中和した後に，十分な水で洗い流す．

▶アルカリ
アルカリのほうが酸よりも皮膚【④　　　】性が強いので，皮膚についたら速やかに【①　　　】をする．ぬるつきが残っているときは，まだ残っているので，それがなくなるまで充分に洗う．特に，目に入ると失明の危険性があるので，注意しなければならない．目に入ったときは，流水で10分以上【①　　　】した後，眼科を受診する．廃棄するときは，酸で中和した後に，十分な水で洗い流す．

答え ① 水洗い ② 酸化 ③ 脱水 ④ 腐食

18

失敗例140　何回繰り返しても反応が進行しない！

冬美は，塩酸を用いた実験を行っていた．瓶から出した塩酸の重さを計り，希釈して3Mの溶液を調製して反応に用いたが，何回繰り返しても反応が進行しない．先生に相談すると「それは文献よりもかなり薄い濃度の塩酸を使っているからよ」と言われた……

これで5回目よ

↑

!原因　濃塩酸の濃度を知らなかった．

濃塩酸は塩化水素ガスの水溶液であるが，際限なく溶解するわけではないので，飽和水溶液となる．濃塩酸は37wt％で12Mの濃度である．冬美はそれを知らずに，**瓶から出したのが100％塩酸であると思って希釈したので，反応に必要な塩酸よりかなり濃度が低くなってしまった．**濃硝酸や濃アンモニア水も同様であるので，希釈する際は注意が必要である．

トーゼン度
あるある度
キケン度

失敗例141　硫酸が腕について皮がむけた！

利春は，濃硫酸を駒込ピペットで吸ってフラスコに入れていた．ピペットを戻そうとしたとき，ポトリと硫酸が落ちて腕に落ちた．硫酸に水を加えるわけにもいかず，だからと言って放ってもおけない．迷った末に，水で洗い流したところ，腕の皮がズルっとむけた……

たいへんなことになった

↑

!原因　すぐに水で洗い落とさなかった．

硫酸は溶解熱が大きいために，水と混ざるとかなりの熱が発生する．したがって，硫酸を希釈する際は，硫酸に水を加えるのではなく水に硫酸を加える．それを常識的に知っている人は多いだろう．しかし，それが邪魔して水で洗うことを躊躇してしまった．水が圧倒的に多いので，発熱の影響はない．**硫酸に限らず薬品が皮膚についたときはすぐに水で洗うべきである．**

トーゼン度
あるある度
キケン度

18

失敗例142 **夜になって激しく傷んだ！**

春香は，硝酸を使った実験を終えて，後片づけ
をして帰宅した．家に着いてからしばらくする
と，足にズキっとした痛みを感じた．靴下を脱
いで見ると，黄色い斑点があった．急いで風呂
場に行き，石鹸で洗い落としたが，次の日の朝
まで痛みが残っていた……

！原因 **硝酸が付いたまま放置していた．**

硝酸が皮膚に付くと，タンパク質中のベンゼン環がニトロ化さ
れ，黄色くなる（キサントプロテイン反応）．見た目に変化がな
い場合も多いので，**実験をするときはこまめに手を洗うことを心
掛ける**．春香は硝酸が付着していることに気づかず放置したため
に，皮膚の内部に浸透した．ひどい痛みを感じたら，病院で手当
てしてもらおう．

キケン度
あるある度
トーゼン度

失敗例143 **フラスコが破裂した！**

夏樹は，硝酸を使った実験を行った．反応混合物
をエタノールで洗浄しながらフラスコに移し，濃
縮を始めた．内容物が順調に減ったとき，床にス
パテラが落ちた．しゃがんで拾おうとした瞬間，
頭上でパンと音がした．エバポレーターを見ると
フラスコの首の部分だけが回っていた……

！原因 **硝酸とエタノールを一緒に濃縮した．**

化合物にはいろいろな種類があり，その性質もさまざまである．
ニトログリセリンに代表されるように，硝酸エステルは爆発性を
示す．夏樹は**硝酸とエタノールを一緒に濃縮したので，フラスコ
内で硝酸エステルが生成した**．それが濃縮されてエバポレーター
の振動などの衝撃により爆発した．幸運にもしゃがんだので難を
逃れたが，そうでなければ大ケガをするところであった．

キケン度
あるある度
トーゼン度

18

失敗例144 アルカリが飛んできた！

春香は，水酸化ナトリウム水溶液を調製していた．底にあった水酸化ナトリウムの粒が溶解して消えたので，ビーカーを持ち上げたところ，想像以上に熱く，思わず実験台に置いた．その瞬間，ハネが上がって唇にかかり，保護眼鏡には小さな液滴がついていた……

メガネしてよかった…

⬆

！原因 勢いよくビーカーを実験台に置いた．

酸もアルカリもどちらも扱いには注意を要するが，アルカリのほうが危険度は高いかもしれない．**水酸化ナトリウムも硫酸と同様に溶解熱が大きい**．慌てて実験台に置いたためにハネが上がってしまった．唇は敏感な部分なのでヒリヒリしたであろう．それよりも眼鏡についた液滴を見て，アルカリが目に入る恐れがあったことを想像して，緊張したに違いない．

トーゼン度 あるある度 キケン度

● チェックしよう！

□ 用いる酸やアルカリの性質を事前に調べているか？
□ 正しい濃度に希釈されているか？
□ 無防備に扱っていないか？
□ 皮膚についたらすぐに水洗いしているか？
□ 適切に処理して廃棄しているか？

◆ こんな場合どうする？　　　　　　　　　　　　　　対応例は p.131

Case 75 余った酸を棄てたい．流しにはふだんから水を流しているから，希釈されるはずであり，わざわざ中和しなくてもよいのではと思う．

Case 76 お気に入りのシャツを着て実験をしていた．そのときは何も起こらなかったが，2日経ってシャツを見ると，大きな穴が空いていた．

18

　　　　　　　失敗例 161 も参照

18.2 禁水性試薬 の基礎知識

空欄を埋めてみよう

水に触れると激しく反応するアルカリ金属や金属水素化物などの試薬．水と反応するという性質を利用して，溶媒の【①　　　】としても幅広く利用される．実験室での発火には，これらの試薬が関連していることが多い．

▶**アルカリ金属**

リチウムの反応性は比較的低いが，【②　　　】は水に触れると発火する．灯油中で保存し，使用時に取り出してカッターナイフなどで薄く切る．カリウムはさらに反応性が高く，空気中の湿気で発火するので，トルエンなどの炭化水素系の溶媒の中で切り，すばやく反応容器に移して使用する．【②　　　】の処理は冷やした【③　　　】に少しずつ加えて溶解させながら行うが，このスピードが速いと発火する原因になる．

▶**金属水素化物**

水素化ナトリウム，水素化カルシウム，水素化アルミニウムリチウム，水素化ホウ素ナトリウムなどが主に用いられる．【①　　　】として使われることもあるが，ヒドリドイオン性を利用し，強塩基や【④　　　】としても利用される．

答え ① 乾燥剤 ② ナトリウム ③ エタノール ④ 還元剤

失敗例**145** **ナトリウムを処理していたら発火した！**

利春がナトリウムの処理をしていた．エタノールに少し加えては溶けるまで待ち，また同じことを繰り返すことにいらだちを感じていた．徐々に加える量を増やしていったところ，目の前が赤くなったと思うと発火した．慌てた利春が水をかけると，火はさらに広がった……

どうしよう

⬆

！ 原因 ⋯⋯ **一気にたくさんのナトリウムを入れすぎた．**

不要になったナトリウムを処理するときに火を出しやすい．発熱するので，**冷やしたエタノールに少しずつ加えるが，多く加えすぎると発火してエタノールに引火する．エタノールは水と混和するので，水をかけるとさらに広がる．**残ったナトリウムが水とさらに反応する可能性もあるので，水をかけるのは危険である．周りに引火しないよう，ビーカーに蓋をして空気と遮断する．

キケン度
あるある度
トーゼン度

18

失敗例146　実験室内で消火器が出動！

春香は，雨の日にカリウムを切っていた．トルエンの中でピンセットとナイフを駆使して切っていたが，肩が凝ったので一度中断した．実験台に置いたピンセットがくすぶり始めたので，慌ててビーカーに戻すと黒煙を出しながら炎上した．結局，消火器を使わなければならなかった……

！原因　燻ったピンセットをトルエンに浸けた．

カリウムは反応性が高く，空気中の湿気で発火するため，トルエン中で切っていたが，雨の日で湿度が高く，発火条件を満たした．燻り始めて春香はパニックに陥り，先ほどまでトルエンに浸けていたからとビーカーに戻したが，それが間違い．**トルエンも有機溶媒だから当然引火する．そのまま放置しておけば収まった．**パニックになると正常な判断ができなくなる．

失敗例147　実験台をふいていたら発火した！

夏樹は，水素化アルミニウムリチウムを使った反応を仕込み終えた．フラスコに入れるときに少し実験台にこぼしてしまったので，ふき取らなければならない．水を使うと危険であることはわかっていたので，そばにある酢酸エチルを用いてふき取っていると，手元で発火した……

！原因　反応する溶媒でふき取ろうとした．

水素化アルミニウムリチウムは反応性が高い試薬である．水などのプロトン性の溶媒と反応して水素ガスが発生する．禁水性試薬だとわかっていたので，水の代わりに酢酸エチルを用いた．しかし，**酢酸エチルも容易に反応してエタノールまで還元される．その際に発熱して発火し，酢酸エチルに引火したのである．**教科書の知識と実際の実験をリンクさせることは重要である．

失敗例148 ドラフトチャンバーの中が大炎上した！

夏樹は，古くなったカルシウムカーバイドを処理していた．ドラフトの中で水を流しながら少しずつ粉末を入れていたが，その量が徐々に増えていき，ついに発火した．慌てて水をかけると，飛び散った粉末がさらに発火し，火に油を注いだような状態になった……

！原因 禁水性の化合物に水をかけた.

カルシウムカーバイドに水を加えると，アセチレンガスが発生する．発火すると誰しも少なからず慌てるものである．夏樹は思わず水をかけたが，**周囲に飛び散った粉末から発生したアセチレンガスに引火し，ますます勢いよく燃えた**．このようなときは，引火しやすいものを遠ざけ，周囲の安全に気をつけながら燃え尽きるまで待つしかない．

● チェックしよう！

□ 適切に保管されているか？
□ 周囲に水や引火しやすいものはないか？
□ 必要以上に用いていないか？
□ 溶媒とは反応しないか？
□ 消火器がある場所を把握しているか？

◆ こんな場合どうする？　　　　　　　　　　　　　対応例は p.131

Case 77 ラネーニッケルを使った実験をして，吸引ろ過をした．ろ別した固体とろ液のどちらを先に処理するべきか迷っている．

Case 78 夜中にナトリウムを処理していると，大きな塊が落ちてドラフトが火の海になった．どうすればよいだろうか．

18

18.3 保管・性質 の基礎知識

空欄を埋めてみよう

▶保管

実験をスムーズに行うには,【①　　　　】の整理は重要である.欲しいときに欲しい試薬を取り出せるようにしておく.試薬名は化学の言語なので,【②　　　　】を修得しておかなければならない.【①　　　　】は共同で利用する場所なので,汚れているのを見つけたら,すぐにきれいにしておく.法令に準じて保管しなければならないもの(【③　　　　】や【④　　　　】など)の使用量管理や出入庫管理は,保管庫の鍵の管理も含めて厳格にしなければならない.

▶性質に応じた取り扱い

試薬の物理的および化学的性質は多岐にわたる.保管や取り扱いにおいても,性質に対応した取り扱いが必要である.例えば,光や熱で分解しやすい試薬は冷暗所保存したり,湿気で分解しやすい試薬はアンプル管に封入したりする.実験に用いるときも同様である.耐え難いにおいを発する試薬もあり,ドラフトチャンバー内で扱うなど,周囲の人の迷惑にならないようにしなければならない.

答え ① 試薬棚 ② 命名法 ③ 毒物・劇物 ④ 危険物

失敗例149 **文献どおりに行っても反応しない!**

冬美は,論文を見ながら反応を仕込もうとしていた.試薬量も計算し,試薬棚から実験台に持ってきて準備完了である.文献どおりに実験をしたが,記載してあるような反応が進行しない.先生に相談すると「それは benzyl chloride じゃなくて,benzoyl chloride よ」と言われた……

!原因 **試薬名を読み間違えていた.**

論文のほとんどは英語で書かれている.試薬名も英語である.英語の名前に慣れていれば,間違えることは少ないが,**ふだんからカタカナしか使わず,アルファベットをなんとなく読んでいる人は間違えやすい.**冬美もひと目見て見間違えたのだろうが,「o」の有無は大きい.間違えた試薬を使えば,反応が進行しないのは当然で,予想外の反応も起こるので危険である.

18

失敗例150 試薬が分解してしまった！

秋人が試薬棚の整理をしていると，何やら黒い紙
で包まれた試薬瓶があった．うっとうしく感じて
紙をはがした．それから1ヶ月後，たまたまその
試薬を使うことになったが，反応が思うように進
行しない．調べてみると，「遮光保存」と書いてあっ
た……

！原因 光分解を防ぐための黒い紙をはがしてしまった．

試薬によって，その性質はさまざまである．秋人が使用したのは，
光分解性の化合物である．**そのような試薬は厚手の黒い紙で包ん
だ瓶に保存され，試薬に光が当たらないようにしている**．秋人は
瓶が見えないことにいらだって，この紙を剥がしたので試薬が分
解してしまった．他の人がこの試薬を使用したら大きな迷惑をか
ける．自分勝手な思いで行動すべきではない．

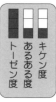

失敗例151 試薬瓶が突然破裂した！

春香は，薬品用冷蔵庫の中の試薬整理をしていた．
順番に取り出して，実験台の上に並べ，リストと
照らし合わせながらチェックしていた．そのとき，
少し離れた実験台で，突然瓶が割れて試薬が噴き
出した．結局，試薬整理以外に，試薬の後処理も
しなければならなかった……

！原因 要冷蔵の試薬を室温で長時間放置していた．

冷蔵庫で保管しなければならない試薬がある．言い換えると，こ
れらの試薬は室温では不安定で，分解しやすい．春香は少しの時
間だからという軽い気持ちで実験台の上に室温で置いたが，試薬
にとっては十分な長い時間であった．**分解したときに気体が発生
するような場合，瓶の中が加圧になって破裂することもある**．春
香を含めて誰もケガをしなかったのが幸いであった．

18

失敗例152 デジタル表示が見えなくなった!

春香は,フラスコを加熱するために,温度コントローラーを設定しようとしていたが,画面に汚れが付いていてよく見えない.そこで,アセトンを染み込ませた紙で拭き取ったところ,プラスチック画面が溶けて白く濁り,さらに見えづらくなってしまった……

！原因 拭き取る溶媒にアセトンを用いた.

「似たものは似たものを溶かす」性質がある.極性の高い化合物は水やアルコールのような極性溶媒によく溶けるし,油などはヘキサンなどの無極性溶媒によく溶ける.**アセトンやクロロホルムのような中間の極性を有するものは,どちらも溶かすので幅広く用いられる.**しかし,よく溶かすが故にプラスチックも溶かしてしまう.極性が高いか低い溶媒で拭き取ればよかった.

失敗例153 試薬の重量増加が止まらない!

秋人は,天秤で試薬を秤量していた.重量が一定になるまでしばらく待っていたが,なかなか安定しない.もう少し待ってみると,重量はどんどん増え続ける一方である.そして,薬包紙にべたつきが見られるようになり,そのときになって,吸湿性の試薬であることに気づいた……

！原因 吸湿性の試薬を空気中で放置していた.

吸湿性を示す試薬も多い.それほど吸湿性が高くなければ,天秤の上で放置などせずに,すばやく秤量する.吸湿性が高い場合は,グローブボックスに天秤を入れて秤量することもあるが,大がかりである.一番簡単なのは,**大まかに秤り取ってフラスコに入れ,減圧乾燥してフラスコの重量変化で試薬の量を算出し,それに基づいて仕込む試薬の量を計算する**方法である.

18

失敗例154 実験室に臭いにおいをまき散らした！

利春は，硫黄系のかなり臭い試薬を減圧蒸留して
いた．装置をドラフトチャンバー内に組み立て，
準備万端である．実際に蒸留を始めると，実験室
内ににおいが立ち込め，他の人たちは，がまんし
きれなくなって，部屋の外に避難した．しばらく
して，他のフロアの先生からも苦情が来た……

！原因 ポンプを外に置いていた．

蒸留装置をドラフトチャンバー内に組み立てたまではよいが，吸
引する真空ポンプを外に置いていたのが原因である．**ポンプは吸
気すれば排気するので，排気口がドラフトの外にあると，ドラフ
ト内で実験をする意味がない**．部屋中の人たちが気分を悪くして
外に逃げ出すのも当然である．また，階段が煙突の役割も果たす
ので，他のフロアにもにおいは伝わっていく．

● チェックしよう！

□ 試薬の名前を確認したか？
□ 試薬は適切に保管されているか？
□ 試薬の性質を予め調べているか？
□ 試薬の性質に応じた処置をしているか？

◆ こんな場合どうする？ 対応例は p.131

Case 79 論文に書いてある反応をしようと思って，必要な試薬を探したとこ
ろ，試薬棚の奥の方にあった．しかし，それを使っても目的の反応は進行し
なかった．

Case 80 カルボン酸とアルコールからエステルを合成した．しかし，TLC
ではエステルができていることを確認したものの，反応混合物を濃縮すると
何も残らなかった．

Case 81 催涙性の試薬が噴き出した．多くの学生はがまんできずに部屋を飛
び出したが，ある学生は平気な顔をしていた．この学生に後処理を頼もうか
と思っている．

18

失敗例 7，37，78，139 も参照

18.4 健康被害 の基礎知識　空欄を埋めてみよう

　実験で最も重要なのは【①　　　】である．実験をして健康を損なうようでは元も子もない．やけどやケガなどを避ける配慮をするのは当然であるが，試薬による健康被害にも十分に気をつけなければならない．

▶毒物・劇物

何か事件や事故がある度に法令で指定されるが，指定されていない試薬でも，危険なものは多い．吸わない，【②　　　】に付けない，使用後は【③　　　　　　】という習慣を身につけるべきである．短期の使用では健康被害の症状が現れなくても，長期の使用で現れることもあるので注意が必要である．

▶アレルギー

近年，アレルギーを持っている人が多い．試薬でもアレルギー症状が現れる人がいるし，症状が現れていないと思っていても，ある日突然現れる人もいる．大量の試薬を扱うときは特に注意が必要である．これは体質の問題で，誰のせいでもないので，もしひどい症状が現れるようなら，隠さずに先生に相談し，研究テーマを変えるなどの措置を講じてもらうべきである．

答え ① 安全　② 皮膚　③ 手を洗う

失敗例155　絆創膏をはがすと真っ黒になっていた！

利春は試薬を使う度に手を洗うことを心掛けていた．この日もこまめに洗っていたものの，指に巻いた絆創膏に，水が染み込んでぐちょぐちょになっていた．実験がひと段落したところで絆創膏をはがすと，覆われていた部分が黒く変色して帯のようになっていた……

↑

！原因　絆創膏に試薬が染み込んでいた．

指に切り傷があったりさかむけ（ささくれ）があったりすると痛い．有機溶媒がかかるともっと痛い．だから絆創膏で保護するのだが，手を洗ったときに水を含んでしまうという欠点がある．この場合のように，**試薬が染み込むと，手を洗ったくらいでは落ちず，指に試薬がずっと触れている状態になる**．手袋を着用したり，液体絆創膏を使用するなどの工夫をすべきであろう．

失敗例156　病院でもらった薬で悪化した！

冬美が実験をしていたら，試薬が腕に付いた．そのときは水洗いして，大丈夫なように見えたが，翌日からどんどん変色してきた．皮膚科でもらった薬を塗ると，症状がよくなるどころか，さらに悪くなった．結局，他の病院でもらった薬を塗って，ようやく治すことができた……

なおりません

!原因　すべての試薬に関する情報があるわけではない.

病院に行っても医者が試薬に関する知識を持っているとは限らないし，すべての試薬に関する情報を記載している書籍があるわけでもない．合成したのが新規化合物であれば情報は皆無である．そのような場合，**医者は似た症状を思い浮かべて薬を処方するしかないので，必ず治せるとは限らないし，悪化する可能性もある．**ふだんから皮膚につけないように心掛けなくてはならない．

トーゼン度
あるある度
キケン度

失敗例157　手がグローブのようになった！

春香は，ある日を境にアレルギーに悩まされるようになった．ある試薬を大量に扱った際に吸ってしまったようである．手が痒くてしかたがない．先生には黙っていたが，ついに耐えられなくなって先生のところに相談に行ったときには，グローブのように腫れていた……

こんなになっちゃった

!原因　試薬を許容量以上に吸ってしまった.

アレルギーはバケツに例えられる．バケツが一杯になるまでは，何も症状が現れないが，一杯になったとたん，ほんの少し加わるだけで，あふれ出して症状が現れる．春香も，大量に試薬を吸って許容量を超えてしまったと思われる．**先生に心配をかけまいという気持ちもわかるが，相談しないほうがもっと悪い．**ホウレンソウ（報告・連絡・相談）は社会生活の基本である．

トーゼン度
あるある度
キケン度

18

失敗例158 硫酸が手についた！

夏樹は，駒込ピペットを使って硫酸をフラスコに入れていた．慎重に少しずつ加えていたが，ピペットの先から硫酸が実験台の上に落ちそうになった．慌てて横向きにして，回避することができた．しかし，しばらくすると手が熱くなり始めた……

！原因 ゴムの部分に硫酸を入れてしまった．

ピペットを使っていると，ピペットの先から液垂れしそうになって，思わず横向きにしてしまう人が多い．そのとき，液体がピペットの中を流れて，ゴムの部分まで入ってくることがある．ゴムの内部が汚れるし，その汚れが他の実験で混入してしまうこともある．夏樹の場合，**扱っていたのが硫酸だったので，ゴムが溶けて穴が空き，手に硫酸が付いてしまったのである**．

● チェックしよう！

□ 危険な試薬を扱うときは適切な処置をしているか？
□ 自分の身体に異変はないか？
□ アレルギー症状が現れていないか？
□ 何か異変があったときは先生に報告・相談しているか？

◆ こんな場合どうする？   対応例は p.131

Case 82 ある実験をしたときにのみ，発疹が現れる．しかし，しばらく経つとその症状が消えるので，周りの人には言う必要がないかと考えている．

Case 83 反応が暴走したので，加熱を止めようと実験台に近づいたとき，装置から噴き上げた反応混合物を頭からかぶった．

18

18.5 廃棄 の基礎知識

空欄を埋めてみよう

　実験をしていれば不要な試薬や溶媒が生じる．また，古くなって分解したなど，使用できない状態のものも生じる．このようなとき，廃棄物処理をしなければならない．廃棄も実験の一部である．適切に処理しなければならない．一般的な例を2つ示したが，所属機関によってルールが異なるので，確認していただきたい．

▶ **重金属イオン廃液**

　重金属イオンを含むものを【①　　　】に棄ててはいけない．【②　　　　　】に溜めておいて，業者に処理を依頼する．どのような金属イオンを含んでいるのかを表示しておく．試薬を混合すると，【②　　　　　】内で反応する可能性もあるので，限定しておいたほうがよい．

▶ **有機廃液**

　有機溶媒は水と混ざらないため，【①　　　】に棄てることができない．処理の都合上，【③　　　　　】含有の廃液と非含有の廃液とに分類しておく．廃液溜めにはさまざまな試薬が含まれるので，反応性の高い試薬を廃棄すると反応する可能性があり危険である．不活性な状態にしてから棄てる．

答　① 水道　② ポリタンク　③ ハロゲン

失敗例159　　**重金属の廃液が異常に多い！**

冬美は，重金属の廃液を入れているポリタンクが満杯になったので，新しいタンクを購入してもらおうと，先生にお願いに行った．しかし，「この前買ったばかりなのに，なぜすぐに満杯になるの？」という注意とともに，廃液の捨て方について指導を受けた……

! 原因　　**四次廃液まで溜めていた．**

容器に付着した金属イオンを洗浄してポリタンクなどの廃液溜めに溜める．もう一度洗った二次廃液もポリタンクに溜める．しかし，**それ以降は溜める必要はない**．冬美はていねいに四次廃液まで溜めたことで，廃液の量が多くなりすぎた．廃液を処理するのにもお金がかかる．廃液も洗浄用の水もできるだけ少なく抑えながら，しっかり洗浄することが重要である．

トーゼン度　あるある度　キケン度

18

失敗例160 　重金属イオン廃液が噴き上げた！

秋人は，重金属イオン廃液を溜めているポリタンク
が満杯になったので運んでいた．チャポチャポと音
を立てながら運び，所定の保管場所に置いて戻って
きた．その3時間後，電話で呼び出されて保管場所
に行くと，ポリタンクの中の廃液が噴き上げ，天井
にまで達していた……

！原因　 **ポリタンクを揺すりながら運んだ.**

廃液溜めにはいろいろなイオンや試薬が含まれていることが多
く，ポリタンクの中で反応することもある．**秋人はタンクを揺す
りながら運んだので撹拌され，反応が促進した.** そして，発熱あ
るいは気体が発生するなどして，タンク内が加圧になって噴き上
げた．混ぜないのはもちろんだが，業者に引き渡すまで，少し口
を緩めてタンク内が加圧にならないようにしておくほうがよい．

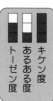

トーゼン度
あるある度
キケン度

失敗例161 　酸の廃液溜めが破裂した！

千秋は，カルボン酸を使った実験をしていたとき，
廃液をどこに棄てるか迷った．「酸なので，酸の廃
液溜めに捨てればよいか」と思って棄てた．しばら
くすると，ポリタンクが破裂し，あたりに酸が飛び
散った．幸いなことに，誰もケガをしなかったが，
後片づけに数日を要した……

！原因　 **有機酸と無機酸を混合した.**

酸がつく名前でも，**カルボン酸のような有機酸と無機酸はまった
く異なるものである.** 無機酸の作用によって有機物の縮合や酸化
などさまざまな反応が進行する可能性がある．硝酸があれば，爆
発性の縮合体を生成する可能性もある．また，反応の進行に伴っ
て発熱するとポリタンク内は加圧になり，非常に危険な状態にな
る．ケガ人が出なかったのは幸いであった．

トーゼン度
あるある度
キケン度

18

失敗例162   建物中の人が涙した！

利春は，催涙性の化合物を使った実験をしていた．
試薬瓶にはほんの少し残っていた程度であったので
廃棄することにした．しかし処理をするのを面倒に
思い，トイレに行って流した．その後，下水を通じ
て建物中に広がり，しばらくの間全員が避難を余儀
なくされた……

！原因   試薬をトイレに廃棄した．

これは原因が明らかである．利春が試薬の処理を怠ってトイレに
廃棄したために，建物中の人に大きな迷惑をかけてしまった．実
験や仕事の手を止めさせたことを大いに反省すべきである．試薬
の廃棄処理も実験の一部である．催涙性を示すものは，他の試薬
と反応させて構造を変え，催涙性を示さないようにした後に廃棄
する．

失敗例163   ゴミ箱がくすぶり始めた！

秋人は，ろ紙の上でナトリウムを切っていた．後片
づけをしているときに先生に呼ばれたので，ろ紙を
ゴミ箱に捨てて先生のところに行った．戻ってくる
と，ゴミ箱から煙が出ている．慌てた秋人はゴミ箱
を抱えて外に飛び出し，安全な場所に置いた後に，
先輩に助けを求めた……

！原因   ろ紙を水で洗わなかった．

ナトリウムを切ると，カッターナイフや台にしたろ紙に小さな切
り屑が残る．「少しくらいならいいか」という軽い気持ちでゴミ
箱に捨てると，秋人のような事態に陥る．**水でナトリウムの切り
屑を処理してから捨てなければならない**．実験室で火が出ると周
りに引火する危険性がある．自分で責任を感じて処理をしようし
がちだが，冷静な第三者に助けを求めたのはよかった．

18

失敗例164 ゴミの山から煙が出ていた！

ある日，突然に館内放送で，「各研究室から消火器を持ってゴミ捨て場に至急集合するように」との指示があった．学生たちが消火器を持って駆けつけたところ，ゴミの収集車がゴミを吐き出していた．そして，ゴミの山からは煙が出ていたものの，消火器を使うまでには至らなかった……

!原因 ゴミの分別が十分にされていなかった．

一般家庭のゴミも分別が求められるが，実験室のゴミはなおさらである．この場合，どこかの研究室の学生が，**燃えるゴミと一緒に棄てた試薬が他の何かと反応して発火したようである**．ゴミ収集をしていた人は，煙が出たことに驚いて，収集車内のゴミをすべて吐き出した．ちょっとした手間を面倒に思って手を抜いた結果である．多くの人に迷惑をかけることは絶対に避けよう．

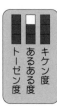

キケン度
あるある度
トーゼン度

● チェックしよう！

□ 実験廃棄物は分別して保管しているか？
□ 廃棄物をできるだけ出さないように心掛けているか？
□ 廃液用ポリタンクに異変はないか？
□ ポリタンクを静かに運搬しているか？

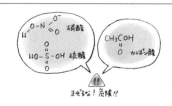

◆ こんな場合どうする？   対応例は p.131

Case 84 有機廃液用のポリタンクを見ると，2層に分離していた．「そういうこともあるか」と気にしないようにしている．

Case 85 試薬が入っていた瓶を廃棄したいが，そのまま廃ガラスと一緒に棄てればよいのではと思っている．

18

失敗例125 も参照

「こんな場合どうする？」対応例

Case 1
実験をしていると溶媒がかかることもある．新品のブーツにシミを付けて後悔したくなければ，汚れても構わない実験用の靴に履き替えよう．

Case 2
コンタクトレンズは覆っている面積が少なく，保護眼鏡の役割を果たさない．むしろ，薬品が目に入ったとき，処置の妨げになる．

Case 3
ゴム手袋に穴が開いている．新品と交換しなければならない．器具洗浄用の洗剤はアルカリが多いので，作業後は必ず手を洗おう．

Case 4
誰かが手袋をしたまま，あちこち触っている可能性が高い．薬品はふき取り，そのような迷惑行為がなくなるよう，周囲に注意喚起しよう．

Case 5
素手で取り扱うのは危険である．特に小さいかけらは体の内部に入り込むと取り出すことが困難なので，手袋をしてブラシなどで掃き取ろう．

Case 6
天秤のような共有の場所は常に清潔に保つべきである．自分がこぼしたものでなくても，見つけたらすぐに掃除をしておこう．

Case 7
ドラフトチャンバーは，前面のフードを閉めて使用するものである．あまり手前に装置を組むと，フードを開け閉めするときに油浴を引っ掛けてしまうことがある．

Case 8
ドラフトチャンバーの吸気能が著しく低下している可能性が高い．先生などに報告し，どのように対処すべきか指示を仰ごう．

Case 9
先輩も4年生のときは自分と同レベルである．必ず元の論文を見て，その実験方法

が正しいかどうかを確認しておこう．

Case 10
学術雑誌に掲載されている論文は審査員によって査読されているが，間違いを含んでいることもある．勝手な判断をせずに，先生などに相談しよう．

Case 11
市販の試薬の多くは，調べれば比重を容易に知ることができる．重量で秤量するのが面倒な場合は，体積に換算して注射器などで量り取ると便利である．

Case 12
ナス型フラスコは丸く，細い部分と太い部分があるので転がりやすい．実験台と平行ではなく垂直な方向に，そして太い部分を手前にして置こう．

Case 13
梱包用の緩衝材を引出しに敷くと，かなり改善される．段ボール紙で仕切りを設けると，フラスコ同士がぶつかって割れる可能性がさらに軽減される．

Case 14
溶媒が染み込まないほどくっついたスリは手強い．スリの部分をバーナーで加熱して，外側のみが膨張した隙に抜くことが考えられるが，タイミングが難しい．

Case 15
椅子に座ると，高い位置で作業をすることになる．洗浄浴に器具を浸ける際，覗き込む姿勢になるので，洗剤のハネが上がったときに目に入る危険性が高くなる．

Case 16
分液漏斗は有機溶媒と水を入れて使用するものである．水を入れるのであるから，乾燥していなかったとしても，問題なく使うことができる．

Case 17
有機溶媒が残っている場合は，面倒でも廃液溜めに捨て，十分に溶媒を切ってから乾燥しよう．溶媒が残っているとドライヤーの熱線から引火することがある．

Case 18

漏斗を挿して液体をろ過するとなると，重心が高くなりひっくり返りやすい．フラスコをナス立てに立てて使用するのではなく，クランプで固定しよう．

Case 19

三角フラスコは歪みが大きいので，濃縮など減圧する実験に用いると割れる危険性がある．用いてはならない．

Case 20

細い首の部分は，思った以上に溶媒のレベルが上がるのが速い．超えたからといって，溶媒を吸い出すと再現性が得られなくなり，実験の信頼性が担保できない．

Case 21

口の中に入ったときはすぐに吐き出して，口の中の試薬を十分に水で洗い流さなければならない．事前に安全性を調べておき，危険な試薬は口で吸ってはならない．

Case 22

たとえ使用するのが自分だけであってもラベルは剥がして新しく貼り直さなければならない．他の人が使うかもしれないし，自分自身が間違えるかもしれない．

Case 23

台車を用いるにしても，振動で瓶同士が衝突して割れないようにしよう．台車から落ちないような工夫もしなければならない．

Case 24

使用頻度の多い溶媒は，急になくなることがある．注文から納品までの日数を考えると，早めに注文しておくほうが無難である．ただし，研究室の方針に従うこと．

Case 25

注射器専用の洗浄浴を利用すると便利である．注射針の中に試薬が残っていると，十分に洗えないこともあるので，溶媒等で予備洗浄しておくとよい．

Case 26

注射針は細いので，中の水は容易には抜けない．アセトンなどの有機溶媒を通してから乾燥器に入れよう．乾燥器の代わりにデシケーター内で減圧乾燥してもよい．

Case 27

注射針の場合，詰まったときは注射器で溶媒を押し出すと解決することがある．マイクロシリンジの場合は，付属の細い針金を針の中に通して掃除をする．

Case 28

パスツールピペットの細い部分に水が残っていた可能性が高い．アセトンなどの有機溶媒で置換してから乾燥すべきであり，使用する前にも確認が必要である．

Case 29

もともと精密性に乏しいが，その数値がさらに信頼できなくなる．また，先が欠けていると空気が入りやすくなり，ボトボトとこぼれ落ちやすい．

Case 30

フラスコ内の液体から泡が出たとしても，その蒸気が温度計に到達しなければ，その温度を計ることはできない．もう少し待ってみよう．

Case 31

撹拌すれば温度勾配がなくなり，再現性のある実験が可能になる．回転子を油浴に入れてマグネティックスターラーで撹拌すればよい．

Case 32

明らかに耐圧ゴム管の内側が汚れている．精製した化合物が汚染される可能性もあるので，溶媒を通して洗うか，新しいものに取り替えるべきである．

Case 33

黒ゴム管は柔らかい一方で，折れ曲がりやすい．気体を誘導する場合，折れ曲がったところで加圧になり，危険である．もったいなくても適切な長さに切って使用しよう．

Case 34

注射針が抵抗なく刺さるようになると，密閉性が保たれず，瓶の中にある試薬が分解してしまう可能性が高い．新しいセプタムラバーに取り換えるべきである．

Case 35

折り返しがあるにもかかわらず，ずり上がってくるのはフラスコの口とサイズが

合っていない可能性が高い．テープを巻いて補強しておくとよい．

Case 36

感電しているので危険である．水浴の配線のどこかが切れている可能性が高い．早急に修理するか，新品と取り換える必要がある．

Case 37

ヒーターのコード内で断線していると思われる．場合によっては火花が出て油に引火することもあるので，新品と取り換えなければならない．

Case 38

まず血を水で洗い流して傷口を確認する．周辺を指で押さえてガラスが体内に入っているか（チクリとした痛みがあるか）を確認する．先生などに報告し指示を仰ごう．

Case 39

まず，やけどした部分を水で洗い流す．冷やす効果と雑菌が入るのを防ぐためである．その後で医師の判断を仰ごう．自分の判断で薬を塗ってはならない．

Case 40

真空ポンプにはオイルの量をチェックできる小窓がある．ラインより下であればオイルを追加する．汚れているようであれば交換しよう．

Case 41

カラカラという音は，何か異物がポンプ内にあることを示している．ポンプがそれを噛み込むと修理できなくなるので，早めに点検しよう．

Case 42

真空ポンプを止めたら必ず常圧に戻す．それをしないと，ポンプ内のオイルが装置まで逆流して油まみれになってしまう．

Case 43

真空ポンプに異常がないのに真空度が上がらないのは，どこかに漏れがある可能性が高い．接続部位を順番にチェックするべきである．

Case 44

水銀は蒸気圧が高いために，放っておくと蒸気になり，健康被害をもたらす．亜鉛粉末とアマルガム（合金）を作って瓶に保存し，廃棄物処理業者に引き渡そう．

Case 45

IRスペクトルに使用する試料は微量である．KBrは水に溶解するので，水洗した後，有機溶媒でふき取る．その後，デシケーター内で保管しておく．

Case 46

油をこぼした場合はすぐにふき取る．それを怠ると，有機溶媒を使ってもとれなくなってくる．このような場合はアンモニア水が効果的である．ただし，においは強烈であるが．

Case 47

誰かが加熱実験をしたまま，温度コントローラの電源を切り忘れている可能性が高い．ただし，終夜で加熱している可能性もあるので，確認してから電源を切ろう．

Case 48

他の冷却管と異なり，ジムロート冷却管に冷却水をつなぐ方向はわかりにくく，間違えやすい．まわりの蛇管を先に通す．

Case 49

封管加熱は，溶媒の沸点以上に加熱するため，内部にかなりの圧力がかかる．見た目は小さな傷でも破裂する恐れがあるので，もったいないようでも捨てるべきである．

Case 50

デュアー瓶は背が高いので，重心も高い．トラップを挿しているとなおさらである．チェーンクランプなどで固定しておかなければならない．

Case 51

液体窒素は徐々に気化して窒素ガスを放出しているので，エレベーターに同乗してはいけない．上の階で他の人に受け取ってもらうように手配をしておこう．

Case 52

ドライアイスは軍手で扱っても構わないが，液浴には絶対に手を入れてはいけない．手全体が凍傷になってしまう．大きめのピンセットを使うべきである．

Case 53
回転子がスターラーの中央に位置しておらず，偏心している．場合によってはフラスコが割れる可能性があるので，回転を止めて位置を調整しよう．

Case 54
スターラーの回転速度が速すぎて，回転子がついていってない．回転を止めた後，ゆっくりつまみを回して速度調節をする．

Case 55
この場合，何かしら反応が起こっている可能性があるので，振るのは危険である．しばらく様子を見て落ち着くのを待つべきであろう．

Case 56
水を入れると不都合なことも多い．固体に有機溶媒を加えて上澄み液を取る方法もあるし，ソックスレー抽出する方法もある．先生に確認をするべきである．

Case 57
一定時間抽出すれば，抽出液を濃縮して抽出されているかどうかを確認する．十分に抽出されていなければ，新しい溶媒を用いて抽出を継続しよう．

Case 58
これは無理である．ひだ折りろ紙は漏斗との間に隙間がたくさんあるので，吸引しても減圧されず，ろ過の速度には変化がない．

Case 59
吸引ろ過をする際，底が平らなもの（玉栓など）でしっかりと水を切る．その後，固体が溶けない親水性の有機溶媒で洗浄するとよい．

Case 60
硫酸マグネシウムは水を吸うと固まる性質がある．粉が舞い上がる程度に入っていれば十分である．しかし，その量は溶媒に含まれる水によって左右される．

Case 61
デシケーターから試料を取り出した後，コックを開けっ放しにしている可能性が高い．シリカゲルを乾燥するところから始めることになるので非効率である．

Case 62
温度計は水銀球に触れたものの温度を測るものである．沸騰していても蒸気が温度計に達していないことを示している．装置を布などで包んで保温したほうがよい．

Case 63
蒸留装置に隙間が空いていて，蒸気が漏れ出している．冷却管とフラスコの両方をクランプでしっかり留めると，このような状況になりやすい．一方は緩めにしよう．

Case 64
冷却管を用いずに直接受器に取る．冷却管を用いると，中で固化する可能性が高い．固化するとドライヤーで加熱しても熱が伝わらないため，なかなか融解しない．

Case 65
濃縮するときに限らず，いきなり減圧すると，吹き上げたり飛び散ったりする可能性が高い．ピンチコックを用いてゆっくり開き，減圧度を調整しよう．

Case 66
突沸などによりパッキンが汚れていると摩擦が大きくなって音が出る．気づいた人はエバポレーターをばらして掃除しよう．

Case 67
こまめにチェックすると，要らぬ衝撃を与えて多結晶になりやすい．単結晶はじっくり育てなければならない．熟成させるようなイメージだろうか．

Case 68
貧溶媒を加えていくと，一瞬白く濁って濁りが消えるときがある．その状態で少し加熱してから静置するとよい．貧溶媒を加えすぎると，再沈殿という粗精製になる．

Case 69
カバーガラスで挟む融点測定で起こりやすい．結晶が大きいと隙間ができて熱が伝わりにくいからである．きれいな結晶でも思い切ってすり潰さなければならない．

Case 70
カラムに予め溶媒を入れておいて，その上に溶媒で溶いたシリカゲルを加え，雪が降り積もるようにすると，空気が入らない．その後に上から叩いて締めよう．

Case 71

TLC プレートを１枚用意し，順番にフラクションの溶液を吸着させる．その状態でUVランプを当てて，スポットが見られたもののみを展開すればよい．

Case 72

一般のUVランプは 254 nm の光を発するものが多い．これはベンゼン環の吸収波長であり，芳香環を持たないと観察されにくい．発色剤を用いてみるとよい．

Case 73

極めて危険な行為である．ボンベは重心が高いので倒れ易い．もし，倒れて頭の部分が折れると，高圧ガスによって弾丸のように飛んで大事故を引き起こす．

Case 74

業者がボンベを引き取った際，残っているガスを出しながら，タンクに接続して充填する．空になっていると手間が倍増するので，完全に空にしてはいけない．

Case 75

濃度の高い酸を棄てると，排水管が腐食して穴が空くことがある．面倒に思っても，中和してから廃棄しなければならない．

Case 76

硫酸は不揮発性なので衣服につくと長く残りやすい．そのため，セルロースが分解して，知らない間に穴が空くことがある．つけないように気をつけよう．

Case 77

ラネーニッケルや触媒に用いた金属類は活性が高く，乾燥すると発火する．したがって，ろ別した金属粉を先に酸で処理しておかなければならない．

Case 78

消火器を使うしかない．液体窒素があれば，それで鎮火することも可能である．それよりも，夜中に一人で危険な実験をしないようにすべきである．

Case 79

試薬によっては徐々に分解するものもある．購入してから時間が経過している試薬を使うときは，事前に構造が変化していないかどうか確認しておこう．

Case 80

可能なら原料だけでなく，生成物の性質も調べておく．エステルは２つの原料に比べて沸点がかなり低くなることを理解していなかったのであろう．

Case 81

他の学生と異なって催涙性を感じない体質かもしれないが，吸っている化合物の量は同じなので，健康被害が出る可能性は高い．感度が悪いのはむしろ危険である．

Case 82

症状が悪化する可能性もあるので，早めに相談しなければならない．原因を特定して対応処置をする．それで改善されないときは，研究テーマを変えてもらう．

Case 83

緊急事態である．廊下に設置してある緊急シャワーで試薬を洗い流す．試薬が目に入っているかもしれないので流水で十分に目を洗う．そして病院へ直行する．

Case 84

いや，気にしよう．２層に分離しているのは，水が大量に入っていることを示している．有機溶媒を棄てる際に，水をできるだけ入れないようにするべきである．

Case 85

試薬瓶は十分に洗って，試薬が残存しないようにして棄てる．ゴミを収集する人に迷惑がかかることは絶対にしてはいけない．

索　引

ゴチックの数字は失敗事例番号、明朝イタリックの数字はページ番号

【さ】

【た】

『続続 実験を安全に行うために 失敗事例集』ウェブサイト
補足資料，訂正表など，追加情報を掲載していく予定です.
https://www.kagakudojin.co.jp/book/b562120.html
（URL は変更となることがあります）

続続 実験を安全に行うために
失敗事例集

第1版　第1刷　2021年12月15日
　　　　第5刷　2024年 9 月10日

編　集　化学同人編集部
発行者　曽 根 良 介
発行所　（株）化学同人

〒600-8074 京都市下京区仏光寺通柳馬場西入ル
編 集 部　TEL075-352-3711　FAX075-352-0371
企画販売部　TEL075-352-3373　FAX075-351-8301
　　　　　　　　振　替　01010-7-5702
e-mail　webmaster@kagakudojin.co.jp
URL　https://www.kagakudojin.co.jp

印刷・製本　（株）シナノパブリッシングプレス

検印廃止

ISBN978-4-7598-2066-9
Printed in Japan ©Kagakudojin 2021 無断転載・複製を禁ず
乱丁・落丁本は送料小社負担にてお取りかえします

本書のご感想を
お寄せください

実験を安全に行うために
第8版

化学同人編集部 編

A5 判・2 色刷・154 頁・定価 990 円（税込）
ISBN 978-4-7598-1833-8

実験中の事故・災害の防止，応急処置などの必携手引書として，1975 年の第 1 版以来，大学や企業などで高く評価されている．第 8 版では，法規改正への対応（特に化学物質情報のアップデートやリスク管理解説の充実），実情をふまえた化学物質・廃液の取扱いへの変更などを行うとともに，2 色刷にしレイアウトも一新してより使いやすくした．

続 実験を安全に行うために
― 基本操作・基本測定 編 ―
第4版

化学同人編集部 編

A5 判・2 色刷・150 頁・定価 990 円（税込）
ISBN 978-4-7598-1834-5

化学実験の基本操作・基本測定についての初心者必携定番書として，長きにわたって各所で活用されている．第 4 版では，古典的な基本は引き継ぎながら，新しい機器や手法に関する記述を盛り込み，教育・実験現場のニーズに合うようにした．また，2 色刷にしてレイアウトや器具等の図版も一新し，より使いやすい誌面とした．

誰も教えてくれなかった
実験ノートの書き方
―研究を成功させるための秘訣

野島高彦 著

A5 判・2 色刷・108 頁・定価 1430 円（税込）
ISBN 978-4-7598-1933-5

これから実験ノートを書く人の必読書．悪い例とよい例を比べ，具体的にどう書けばよいかがよくわかる．実験ノートがあなたを成長させてくれること，研究不正から守ってくれることも力説．

化学同人